Wieland Richter

Numerische Lösung partieller Differentialgleichungen mit der Finite-Elemente-Methode

Herausgegeben von Gisela Engeln-Müllges

Friedr. Vieweg & Sohn　Braunschweig/Wiesbaden

CIP-Kurztitelaufnahme der Deutschen Bibliothek

Richter, Wieland:
Numerische Lösung partieller Differentialgleichungen
mit der Finite-Elemente-Methode / Wieland Richter.
Hrsg. von Gisela Engeln-Müllges. — Braunschweig;
Wiesbaden: Vieweg, 1986.

1986

Alle Rechte vorbehalten
© Friedr. Vieweg & Sohn Verlagsgesellschaft mbH, Braunschweig 1986

Die Vervieläfltigung und Übertragung einzelner Textabschnitte, Zeichnungen oder Bilder, auch
für Zwecke der Unterrichtsgestaltung, gestattet das Urheberrecht nur, wenn sie mit dem Verlag
vorher vereinbart wurden. Im Einzelfall muß über die Zahlung einer Gebühr für die Nutzung
fremden geistigen Eigentums entschieden werden. Das gilt für die Vervielfältigung durch alle
Verfahren einschließlich Speicherung und jede Übertragung auf Papier, Transparente, Filme,
Bänder, Platten und andere Medien.

ISBN-13: 978-3-528-08930-6   e-ISBN-13: 978-3-322-84329-6
DOI: 10.1007/978-3-322-84329-6

Wieland Richter

Numerische Lösung
partieller Differentialgleichungen
mit der
Finite-Elemente-Methode

Vorwort

Die Idee, ein elementar gehaltenes Buch über die Methode der
Finiten Elemente zu schreiben, entstand zu der Zeit, als ich
noch wissenschaftlicher Mitarbeiter am Gießerei-Institut der
RWTH Aachen war. Unter der Leitung von Herrn Prof. Dr. P.R. Sahm
beschäftigte ich mich mit Temperaturberechnungen in abkühlenden
Gußstücken. Zahlreiche Gespräche mit Ingenieuren und Studenten
zeigten mir, daß zwar die Bereitschaft vorhanden war, sich mit
diesem Näherungsverfahren vertraut zu machen, jedoch fehlte in
den meisten Fällen die Einstiegsliteratur. Der Schwerpunkt der
meisten Bücher über Finite Elemente liegt in der Anwendung dieser Methode in der Mechanik (Elastizitätstheorie) - geschrieben
von Fachleuten für Fachleute. Auf die näherungsweise Lösung elliptischer oder gar parabolischer Differentialgleichungen wird,
wenn überhaupt, nur sehr kurz eingegangen.
In diesem Sinne ist das vorliegende Buch genau als Gegenstück
zur bekannten Literatur anzusehen. Es richtet sich in erster
Linie an Naturwissenschaftler und Ingenieure der verschieden-
sten Fachrichtungen, die sich mit diesem Problemkreis vertraut
machen wollen. Der Kenner wird sicherlich einige interessante
Themen in diesem Buch vermissen, der Anfänger wird es zu schät-
zen wissen.
Inhaltlich teilt sich das Buch in drei Themenbereiche auf: Der
erste behandelt die numerische Lösung elliptischer Randwert-
und parabolischer Randanfangswertaufgaben. Die prinzipielle
Vorgehensweise wird anhand eindimensionaler Probleme erklärt
und auf zweidimensionale übertragen. Danach werden die beiden
Differentialgleichungstypen für drei Ortskoordinaten behandelt.
Die Elementgleichungen für Tetraeder werden, wie vorher die
Gleichungen für Dreiecke, ausführlich hergeleitet, diejenigen
für Prismen und Parallelepipede werden lediglich angegeben. In
allen Fällen beschränke ich mich auf lineare Ansatzfunktionen.

Im zweiten Teil des Buches werden die zuvor erarbeiteten Ideen
auf die lineare Elastizitätstheorie übertragen. Nach ausführ-
licher Herleitung der Formänderungsenergiegleichung werden einige spezielle ein- und zweidimensionale Beispiele behandelt.
Der letzte Teil behandelt einige sogenannte Hilfsmittel, die für
eine effiziente Anwendung der Finiten-Elemente-Methode notwendig
sind. Insbesondere sind dies die Bandbreitenreduzierung, die
Lösung linearer Gleichungssysteme und die Erstellung von Netzen
(Zerlegung des Gebiets in Elemente). Auch hier wurde eine Aus-
wahl getroffen.
Sämtliche Beispiele sind so ausgewählt, daß sie vom Leser ohne
große Rechenhilfsmittel nachvollzogen werden können. Auf eine
Anführung von Computerprogrammen wurde bewußt verzichtet, da
die meisten Algorithmen schon in den neueren Lehrbüchern enthalten sind. Programme für die Netzgenerierung sind i.a. recht
teuer und werden daher verständlicherweise ungern veröffent-
licht.
Beenden möchte ich das Vorwort mit einer Danksagung an alle, die
mir bei der Erstellung des Buches behilflich waren. Insbesondere
bedanke ich mich bei meinem Freund Dipl.-Ing. Helmut Perzborn,
der die Durchsicht des Manuskripts übernahm und durch etliche
Anregungen (und kritische Bemerkungen) sehr zum Gelingen beige-
tragen hat. Des weiteren gilt mein Dank meiner lieben Frau Anne,
die mir bei der Erstellung des Sachverzeichnisses geholfen hat.
Bei Frau Prof. Dr. G. Engeln-Müllges bedanke ich mich dafür, daß
sie sich als Herausgeberin sehr stark für meine Belange eingesetzt und mir nützliche Hinweise gegeben hat. Abschließend gilt
mein Dank dem Vieweg Verlag für die Bereitschaft, das Manuskript
als Buch erscheinen zu lassen.

Burg Kinzweiler, im Mai 1985   Wieland Richter

Bezeichnungen

A^t	transponierte Matrix
c^t	transponierter Vektor
d_m	Jakobi-Determinante des m-ten Elements
$\dot{f}$	zeitliche Ableitung der Funktion f : $\frac{\partial f}{\partial t}$
f_t	zeitliche Ableitung der Funktion f
f_x	erste part. Ableitung der Funktion f nach x : $\frac{\partial f}{\partial x}$
f_{xx}	zweite part. Ableitung von f nach x
n	Normalenvektor
$n_x,\ n_y,\ n_z$	Komponenten des Normalenvektors n
t	Zeitkomponente
u,v,w	Verschiebung in x-, y- und z-Richtung (Kapitel 2)
u,v,w	transformierte x-, y-, z-Koordinaten
x,y,z	Komponenten im dreidimensionalen Raum

Inhalt

1 Elliptische und parabolische Differentialgleichungen

Viele physikalische und technische Vorgänge werden durch Differentialgleichungen beschrieben. Diese Probleme hängen mei-
stens von mehreren unabhängigen Veränderlichen ab, sodaß im
allgemeinen eine partielle Differentialgleichung vorliegt. Diese Gleichungen sind - von einigen wenigen Sonderfällen abgese-
hen - nur näherungsweise lösbar. Für zwei spezielle Klassen,
die elliptischen und die parabolischen Differentialgleichungen,
findet die Methode der Finiten Elemente als Näherungsverfahren
immer größere Bedeutung. Im ersten Kapitel werden wir uns mit
diesem Problemkreis eingehend beschäftigen. Dazu benötigen wir
allerdings einige Begriffe, auf die wir zunächst kurz (und bei
weitem nicht in voller Allgemeinheit) eingehen wollen.

Als ein <u>elliptisches Randwertproblem</u> bezeichnen wir die Aufgabe

"Gesucht ist diejenige Funktion $f = f(x,y,z)$, die im vorgegebenen (offenen) Gebiet G der partiellen Differentialgleichung

$$\frac{\partial}{\partial x}(a_1 \frac{\partial f}{\partial x}) + \frac{\partial}{\partial y}(a_2 \frac{\partial f}{\partial y}) + \frac{\partial}{\partial z}(a_3 \frac{\partial f}{\partial z}) + gf + h = 0 \ , \ (x,y,z) \in G \tag{1.1}$$

mit $a_1, a_2, a_3 \geq 0$ genügt und auf dem Rand (= Oberfläche) R
des Gebiets eine sogenannte Randbedingung erfüllt."

Die Größen a_1, a_2, a_3, g und h können durchaus vom Ort, d.h. von
x, y, z abhängen. Als mögliche Randbedingungen sind zugelassen

a) eine Bedingung an die gesuchte Funktion f selbst, d.h. die
Lösung wird auf dem Rand vorgeschrieben (<u>Dirichletbedingung</u>)

$$f(x,y,z) = f_R(x,y,z) \quad \text{für} \ (x,y,z) \in R \tag{1.2}$$

mit einer auf R definierten Funktion f_R ,

b) eine Bedingung an die Ableitung von f in Richtung der Rand-
normalen $n = (n_x, n_y, n_z)^t$, eine sogenannte <u>Cauchybedingung</u>

$$a_1 \frac{\partial f}{\partial x} n_x + a_2 \frac{\partial f}{\partial y} n_y + a_3 \frac{\partial f}{\partial z} n_z + a_4 f = a_5 \quad , \quad (x,y,z) \in R$$

$$(1.3)$$

mit auf dem Rand definierten Funktionen a_4 und a_5 ,

c) eine <u>gemischte Randbedingung</u>, d.h. der Rand wird in zwei
   (oder mehr) Teilstücke aufgeteilt, sodaß im einen Teil eine
   Dirichletbedingung und im anderen eine Cauchybedingung vor-
   herrscht.

Als zweite Klasse betrachten wir <u>parabolische Rand-Anfangs-
wertprobleme</u>

"Im Gebiet G sei die partielle Differentialgleichung

$$\frac{\partial}{\partial x}(a_1 \frac{\partial f}{\partial x}) + \frac{\partial}{\partial y}(a_2 \frac{\partial f}{\partial y}) + \frac{\partial}{\partial z}(a_3 \frac{\partial f}{\partial z}) + gf + h = a_0 \frac{\partial f}{\partial t} \quad ,$$

$$(x,y,z) \in G \quad , \quad t > t_0 \quad , \quad a_1, a_2, a_3, a_0 \geq 0 \quad (1.4)$$

gegeben. Gesucht ist diejenige Funktion $f = f(x,y,z,t)$,
die diese Differentialgleichung und eine der oben beschriebenen - jetzt auch möglicherweise von der Zeit t abhängigen - Randbedingungen erfüllt. Darüberhinaus muß f zu
dem vorgegebenen Anfangszeitpunkt t_0 noch einer sogenannten
Anfangsbedingung der Form

$$f(x,y,z,t_0) = f_0(x,y,z) \quad , \quad (x,y,z) \in G \quad\quad\quad (1.5)$$

mit einer auf ganz G definierten Funktion f_0 genügen."

Die Größen a_0, a_1, a_2, a_3, g und h können vom Ort und von der Zeit
abhängen. Bezüglich der Existenz und Eindeutigkeit der Lösung
solcher Differentialgleichungen sei auf entsprechende Literatur am Ende dieses Buches verwiesen. Wir treffen hier der
Einfachheit halber die Annahme, daß die in diesem Kapitel behandelten Probleme immer eine eindeutige Lösung besitzen. Der
Leser möge aber bedenken, daß die Kenntnis über die Existenz

einer Lösung bei weitem nicht bedeutet, daß diese auch explizit angegeben werden kann. In den meisten Fällen ist es sogar unmöglich, eine Lösung exakt zu bestimmen, obwohl der Nachweis ihrer Existenz relativ einfach sein kann. Man ist daher gezwungen, numerische Verfahren anzuwenden, um wenigstens eine Näherungslösung zu erhalten. Ein hervorragendes, wenn auch in der Herleitung aufwendiges Verfahren ist die Methode der Finiten Elemente. Bevor wir diese Methode vorstellen, geben wir noch einige Beispiele zu den eben erklärten Differentialgleichungstypen.

<u>Beispiele</u>:

a) $f_{xx} + f_{yy} + f_{zz} = 0$ – Laplace-Gleichung

b) $f_{xx} + f_{yy} + f_{zz} = kf_t$ – Wärmeleitungsgleichung

c) $f_{xx} + f_{yy} + f_{zz} = h(x,y,z)$ – Poisson-Gleichung

d) $f_{xx} + f_{yy} + f_{zz} = f_{tt}$ – Wellengleichung

e) $f_{xx} - f_{yy} + f_{zz} = f_t + f_{tt}$

f) $f_{xx} + (1+x^2+y^2) f_{yy} = 3f$

Die Gleichungen a), c) und f) sind elliptische Differentialgleichungen, die Wärmeleitungsgleichung b) ist eine parabolische und die Wellengleichung d) eine hyperbolische Differentialgleichung. Probleme wie die unter d) und e) sind hier nicht zugelassen.

Um die Finite-Element-Methode (FEM) auf die oben erklärten Differentialgleichungstypen anwenden zu können, ist es erforderlich, sie in eine andere (besser geeignete) Form umzuschreiben bzw. abzuändern. Wir stellen dem Randwertproblem (1.1), (1.2) und (1.3) eine andere Aufgabe, ein sogenanntes Variationsproblem, zur Seite:

"Gesucht ist unter allen Funktionen, die die eventuell vorhandene Bedingung (1.2) erfüllen, diejenige Funktion f, die den Integralausdruck

$$I := \int_G \left[\tfrac{1}{2}(a_1 f_x^2 + a_2 f_y^2 + a_3 f_z^2 - gf^2) - hf \right] dx\ dy\ dz$$

$$+ \int_R \left[\tfrac{1}{2}a_4 f^2 - a_5 f \right] ds \qquad\qquad (1.6)$$

minimiert."

Falls keine Cauchybedingung (1.3) vorhanden ist, entfällt natürlich das zweite Integral (Integration über den Rand R). Es kann gezeigt werden, daß die Lösung des Randwertproblems mit der des Variationsproblems (1.6) übereinstimmt. Beide Aufgabenstellungen sind also äquivalent.
Im Falle parabolischer Rand-Anfangswertprobleme (1.4), (1.2), (1.3) und (1.5) gibt es kein äquivalentes Variationsproblem. Die folgende Aufgabe liefert aber annähernd die gleiche Lösung wie die ursprüngliche:

"Unter allen Funktionen, die die Bedingung (1.2) - falls vorhanden - und (1.5) erfüllen, ist diejenige Funktion f gesucht, die den Ausdruck

$$I := \int_G \left[\tfrac{1}{2}(a_1 f_x^2 + a_2 f_y^2 + a_3 f_z^2 - gf^2) - hf + a_0 f_t f \right] dx\ dy\ dz$$

$$+ \int_R \left[\tfrac{1}{2}a_4 f^2 - a_5 f \right] ds \qquad\qquad (1.7)$$

minimiert."

Auch hier entfällt die Integration über den Rand R, falls keine Cauchybedingung vorliegt.
Wir wenden jetzt die Finite-Elemente-Methode auf die Variationsprobleme (1.6) bzw. (1.7) an. Die sich daraus ergebende Näherungslösung ist gleichzeitig eine angenäherte Lösung der entsprechenden Differentialgleichung.

1.1 Differentialgleichungen für eine und zwei Ortsvariablen

Um die generelle Vorgehensweise leichter zu verstehen, empfiehlt
es sich, zunächst den Fall einer unabhängigen Veränderlichen zu
betrachten. Für die Praxis ist er weniger interessant, da es
andere leistungsfähige Verfahren gibt.

1.1.1 Eindimensionale Rand-Anfangswertprobleme

Gleichung (1.4) reduziert sich jetzt auf

$$\frac{\partial}{\partial x}\left(a_1\,\frac{\partial f}{\partial x}\right) + g(x,t)\,f(x,t) + h(x,t) = a_0\frac{\partial f}{\partial t} \ , \quad a < x < b \ , \quad t > t_0 \tag{1.8}$$

mit den möglichen Randbedingungen

$$f(a,t) = f_a(t) \quad \text{oder} \quad -a_1\frac{\partial f}{\partial x}\bigg|_{x=a} + a_4 f(a) = a_5(a) \ , \quad t > t_0$$

$$f(b,t) = f_b(t) \quad \text{oder} \quad a_1\frac{\partial f}{\partial x}\bigg|_{x=b} + a_4 f(b) = a_5(b) \ , \quad t > t_0$$

$$\tag{1.9}$$

und der Anfangsbedingung

$$f(x,t_0) = f_0(x) \ , \quad a < x < b \tag{1.10}$$

Das zugehörige Variationsproblem lautet beispielsweise für den
Fall, daß im Randpunkt x=a eine Dirichletbedingung und in x=b
eine Cauchybedingung gilt:

"Minimiere den von $f = f(x,t)$ abhängigen Ausdruck

$$I(f) := \int_a^b \left[\frac{1}{2}(a_1 f_x^2 - gf^2) - hf + a_0 f_t f\right] dx$$

$$+ \frac{1}{2}a_4(b)\,f^2(b) - a_5(b)\,f(b) \tag{1.11}$$

wobei sämtliche Funktionen f zugelassen sind, die

$$f(a,t) = f_a(t) \text{ und } f(x,t_0) = f_0(x) \quad, \quad a < x < b \quad, \quad t > t_0 \quad (1.12)$$

erfüllen."

Zunächst unterteilen wir das Intervall (a,b) in mehrere kleinere Intervalle, in sogenannte "finite (= endliche) Elemente", die durchaus verschieden lang sein dürfen (siehe Bild 1-1). Je feiner die Unterteilung ist, desto genauer wird die Näherungslösung sein; jedoch wächst mit der Anzahl der Elemente auch der Rechenaufwand.

Element 1 Element 2 Element n

$$x_1 = a \qquad x_2 \qquad x_3 \qquad\qquad x_n \qquad x_{n+1} = b$$

Bild 1-1 : Zerlegung des Intervalls (a,b) in n Elemente

Entsprechend der Zerlegung spalten wir das Integral in (1.11) auf in

$$
\begin{aligned}
I(f) =\ & \int_{x_1}^{x_2} \left[\tfrac{1}{2}(a_1 f_x^2 - g f^2) - hf + a_0 f_t f \right] dx \\
& + \int_{x_2}^{x_3} \left[\tfrac{1}{2}(a_1 f_x^2 - g f^2) - hf + a_0 f_t f \right] dx \\
& + \ \cdots \\
& + \int_{x_n}^{x_{n+1}} \left[\tfrac{1}{2}(a_1 f_x^2 - g f^2) - hf + a_0 f_t f \right] dx \\
& + \tfrac{1}{2} a_4(b) f^2(b) - a_5(b) f(b) \\
=:\ & I_1 + I_2 + \ldots + I_n + R_b
\end{aligned}
\qquad (1.13)
$$

Damit alle n Integrale einheitlich behandelt werden können, wird für jedes Element, bzw. jedes Integral I_m , $m = 1,2,\ldots,n$ eine Variablentransformation durchgeführt. Für das m-te Element lautet die lineare Abbildung

$$x = x_m + u \, (x_{m+1} - x_m) \; , \; 0 \leq u \leq 1 \; , \; (x_m \leq x \leq x_{m+1}) \qquad (1.14)$$

Sie bewirkt, daß das Element, das die Länge

$$d_m := x_{m+1} - x_m \qquad (1.15)$$

hat, in ein "Einheitselement" der Länge 1 überführt wird. Setzen wir die Substitution (1.14) ein, so ergibt sich wegen

$$f_x = \frac{\partial f}{\partial x} = f_u \, \frac{du}{dx} = f_u / d_m \qquad (1.16)$$

aus (1.13) für I_m der Ausdruck

$$I_m = \int_0^1 \left[\frac{1}{2} (a_1 f_u^2 / d_m^2 - g f^2) - h f + a_0 f_t f \right] d_m \, du \qquad (1.17)$$

Unter der Voraussetzung, daß die Elementeinteilung so fein ist, daß sich die Funktionen a_0, a_1, g und h in jedem Element nur unwesentlich ändern, können wir sie durch entsprechende Mittelwerte ersetzen, z. B.

$$a_0 (x,t) \approx \frac{1}{2} (\, a_0 (x_m,t) + a_0 (x_{m+1},t) \,) =: a_{0,m} \; ,$$

$$x_m \leq x \leq x_{m+1} \quad , \quad m = 1,2,\ldots,n \qquad (1.18)$$

Die anderen Mittelwerte werden analog berechnet. Wir schreiben der Einfachheit halber weiterhin $=$ statt $\approx$. Gleichung (1.17) lautet jetzt

$$I_m = \frac{1}{2} a_{1,m} / d_m \int f_u^2 \, du - \frac{1}{2} g_m d_m \int f^2 \, du - h_m d_m \int f \, du$$

$$+ a_{0,m} d_m \int f_t f \, du \quad , \quad m = 1,2,\ldots,n \qquad (1.19)$$

Bei genügend feiner Elementeinteilung kann außerdem angenommen werden, daß die gesuchte Lösung f stückweise linear ist, d.h. in jedem Element wird f als linear angenommen

$$f(u,t) = c_{1,m} + c_{2,m}u \quad , \quad 0 \le u \le 1 \quad , \quad m=1,2,\ldots,n \qquad (1.20)$$

mit zeitabhängigen und (noch) unbekannten Größen $c_{1,m}$, $c_{2,m}$.
Es ergibt sich somit

$$I_m = \tfrac{1}{2}a_{1,m}/d_m \int c_{2,m}^2 \, du - \tfrac{1}{2}g_m d_m \int (c_{1,m} + c_{2,m}u)^2 \, du$$

$$- h_m d_m \int (c_{1,m} + c_{2,m}u) \, du$$

$$+ a_{0,m}d_m \int (\dot{c}_{1,m} + \dot{c}_{2,m}u)(c_{1,m} + c_{2,m}u) \, du$$

$$= \tfrac{1}{2}a_{1,m}/d_m c_{2,m}^2 - \tfrac{1}{2}g_m d_m (c_{1,m}^2 + c_{1,m}c_{2,m} + \tfrac{1}{3}c_{2,m}^2)$$

$$- h_m d_m (c_{1,m} + \tfrac{1}{2}c_{2,m})$$

$$+ a_{0,m}d_m \left[\dot{c}_{1,m}(c_{1,m} + \tfrac{1}{2}c_{2,m}) + \dot{c}_{2,m}(\tfrac{1}{2}c_{1,m} + \tfrac{1}{3}c_{2,m}) \right] \, ,$$

$$m=1,2,\ldots,n \qquad (1.21)$$

Der Punkt über den Größen $c_{1,m}$, $c_{2,m}$ bedeutet (wie üblich) die
Ableitung nach der Zeit t. Statt linearer kann man auch quadratische Funktionen (oder sogar Polynome höheren Grades) verwenden. Wir werden im Abschnitt 1.1.5 näher darauf eingehen.
Wir schreiben das Ergebnis aus (1.21) jetzt in einer Form auf,
die vielleicht etwas umständlich erscheinen mag. Sie ist jedoch
für die weitere Behandlung des Variationsproblems von Vorteil.
Ein Nachrechnen zeigt, daß

$$I_m = \tfrac{1}{2}a_{1,m}/d_m \, c_m^t \begin{pmatrix} 0 & 0 \\ 0 & 1 \end{pmatrix} c_m - \tfrac{1}{12}g_m d_m \, c_m^t \begin{pmatrix} 6 & 3 \\ 3 & 2 \end{pmatrix} c_m$$

$$- \tfrac{1}{2}h_m d_m \, c_m^t \begin{pmatrix} 2 \\ 1 \end{pmatrix} + \tfrac{1}{6}a_{0,m}d_m \, c_m^t \begin{pmatrix} 6 & 3 \\ 3 & 2 \end{pmatrix} \dot{c}_m \qquad (1.22)$$

mit den Vektoren

$$c_m := \begin{pmatrix} c_{1,m} \\ c_{2,m} \end{pmatrix} \quad , \quad \dot{c}_m := \begin{pmatrix} \dot{c}_{1,m} \\ \dot{c}_{2,m} \end{pmatrix} \, , \quad m=1,2,\ldots,n \qquad (1.23)$$

Wir bestimmen nun diese Vektoren. Dazu bezeichnen wir die Werte, die die Lösungsfunktion f in den Knotenpunkten x_1 , x_2 ,..., x_{n+1} annimmt, mit f_1 , f_2 ,..., f_{n+1} . Nach Voraussetzung ist f in jedem Element linear, so daß für das m-te Element wegen (1.20) gilt:

$$u=0 \quad (d.h.\ x=x_m) \quad : \quad f(0,t) =: f_m = c_{1,m}$$

$$u=1 \quad (d.h.\ x=x_{m+1}) \quad : \quad f(1,t) =: f_{m+1} = c_{1,m} + c_{2,m} \qquad (1.24)$$

Nach c_m aufgelöst, ergibt sich sofort

$$c_m = \begin{pmatrix} 1 & 0 \\ -1 & 1 \end{pmatrix} \begin{pmatrix} f_m \\ f_{m+1} \end{pmatrix} \quad , \quad m = 1,2,\ldots,n \qquad (1.25)$$

Die Vektoren c_m ,d.h. die Koeffizienten der Ansatzfunktionen lassen sich also durch die gesuchte Lösung (genauer: durch die Funktionswerte der Näherungslösung in den Endpunkten der einzelnen Elemente) ausdrücken. Setzen wir (1.25) in (1.22) ein, so folgt

$$\begin{aligned}
I_m = \ &\frac{1}{2}a_{1,m}/d_m \begin{pmatrix} f_m \\ f_{m+1} \end{pmatrix}^t \begin{pmatrix} 1 & -1 \\ 0 & 1 \end{pmatrix} \begin{pmatrix} 0 & 0 \\ 0 & 1 \end{pmatrix} \begin{pmatrix} 1 & 0 \\ -1 & 1 \end{pmatrix} \begin{pmatrix} f_m \\ f_{m+1} \end{pmatrix} \\[2mm]
&- \frac{1}{12}g_m d_m \begin{pmatrix} f_m \\ f_{m+1} \end{pmatrix}^t \begin{pmatrix} 1 & -1 \\ 0 & 1 \end{pmatrix} \begin{pmatrix} 6 & 3 \\ 3 & 2 \end{pmatrix} \begin{pmatrix} 1 & 0 \\ -1 & 1 \end{pmatrix} \begin{pmatrix} f_m \\ f_{m+1} \end{pmatrix} \\[2mm]
&- \frac{1}{2}h_m d_m \begin{pmatrix} f_m \\ f_{m+1} \end{pmatrix}^t \begin{pmatrix} 1 & -1 \\ 0 & 1 \end{pmatrix} \begin{pmatrix} 2 \\ 1 \end{pmatrix} \\[2mm]
&+ \frac{1}{6}a_{0,m} d_m \begin{pmatrix} f_m \\ f_{m+1} \end{pmatrix}^t \begin{pmatrix} 1 & -1 \\ 0 & 1 \end{pmatrix} \begin{pmatrix} 6 & 3 \\ 3 & 2 \end{pmatrix} \begin{pmatrix} 1 & 0 \\ -1 & 1 \end{pmatrix} \begin{pmatrix} \dot{f}_m \\ \dot{f}_{m+1} \end{pmatrix}
\end{aligned}$$

$$, \quad m = 1,2,\ldots,n \qquad (1.26)$$

wobei zu beachten war, daß allgemein für ein Matrix-Vektor-Produkt beim Transponieren gilt

$$(Ab)^t = b^t A^t \qquad (1.27)$$

Wir führen die in (1.26) anstehenden Multiplikationen aus und
erhalten für das m-te Element das Gleichungssystem

$$
\begin{aligned}
I_m = \ &\tfrac{1}{2}a_{1,m}/d_m \begin{pmatrix} f_m \\ f_{m+1} \end{pmatrix}^t \begin{pmatrix} 1 & -1 \\ -1 & 1 \end{pmatrix} \begin{pmatrix} f_m \\ f_{m+1} \end{pmatrix} \\
&- \tfrac{1}{12}g_m d_m \begin{pmatrix} f_m \\ f_{m+1} \end{pmatrix}^t \begin{pmatrix} 2 & 1 \\ 1 & 2 \end{pmatrix} \begin{pmatrix} f_m \\ f_{m+1} \end{pmatrix} \\
&- \tfrac{1}{2}h_m d_m \begin{pmatrix} f_m \\ f_{m+1} \end{pmatrix}^t \begin{pmatrix} 1 \\ 1 \end{pmatrix} \\
&+ \tfrac{1}{6}a_{0,m} d_m \begin{pmatrix} f_m \\ f_{m+1} \end{pmatrix}^t \begin{pmatrix} 2 & 1 \\ 1 & 2 \end{pmatrix} \begin{pmatrix} \dot f_m \\ \dot f_{m+1} \end{pmatrix}, \quad m=1,\dots,n \quad (1.28)
\end{aligned}
$$

Dieses Ergebnis stellt für jedes Element ein lineares Differentialgleichungssystem dar, das von den (gesuchten) Funktionswerten und der zeitlichen Ableitung in den Knotenpunkten abhängt. Wie aus der Formulierung des Variationsproblems (1.11)
ersichtlich ist, haben wir den Ausdruck I(f) , also die Summe
der Integrale I_m, sowie den "Randterm" R_b zu minimieren. Dieses
Problem vereinfacht sich aber aufgrund der getroffenen Annahmen
zu einer Extremwertaufgabe. Sie wird (wie üblich) dadurch gelöst, daß man das Verschwinden der ersten partiellen Ableitungen (nach den unabhängigen Variablen f_1 , f_2 ,..., f_{n+1})
fordert. Für I_m ergibt dies

$$
\begin{aligned}
&a_{1,m}/d_m \begin{pmatrix} 1 & -1 \\ -1 & 1 \end{pmatrix} \begin{pmatrix} f_m \\ f_{m+1} \end{pmatrix} - \tfrac{1}{6}g_m d_m \begin{pmatrix} 2 & 1 \\ 1 & 2 \end{pmatrix} \begin{pmatrix} f_m \\ f_{m+1} \end{pmatrix} \\
&- \tfrac{1}{2}h_m d_m \begin{pmatrix} 1 \\ 1 \end{pmatrix} + \tfrac{1}{6}a_{0,m} d_m \begin{pmatrix} 2 & 1 \\ 1 & 2 \end{pmatrix} \begin{pmatrix} \dot f_m \\ \dot f_{m+1} \end{pmatrix} = \begin{pmatrix} 0 \\ 0 \end{pmatrix} \qquad (1.29)
\end{aligned}
$$

Wir berechnen jetzt den Randterm R_b aus Gleichung (1.11). Wegen
(1.20) und (1.25) folgt

$$
\begin{aligned}
R_b &= \tfrac{1}{2}a_4(b)\, f^2(b) - a_5(b)\, f(b) \\
&= \tfrac{1}{2}a_4(c_{1,n} + c_{2,n})^2 - a_5(c_{1,n} + c_{2,n})
\end{aligned}
$$

$$= \frac{1}{2}a_4 \ c_n^t \begin{pmatrix} 1 & 1 \\ 1 & 1 \end{pmatrix} c_n \ - \ a_5 \ c_n^t \begin{pmatrix} 1 \\ 1 \end{pmatrix}$$

$$= \frac{1}{2}a_4 \begin{pmatrix} f_n \\ f_{n+1} \end{pmatrix}^t \begin{pmatrix} 0 & 0 \\ 0 & 1 \end{pmatrix} \begin{pmatrix} f_n \\ f_{n+1} \end{pmatrix} \ - \ a_5 \begin{pmatrix} f_n \\ f_{n+1} \end{pmatrix}^t \begin{pmatrix} 0 \\ 1 \end{pmatrix}$$

$$= \frac{1}{2}a_{4,n+1} f_{n+1}^2 \ - \ a_{5,n+1} f_{n+1} \tag{1.30}$$

mit den Abkürzungen $a_{4,n+1} := a_4(b)$, $a_{5,n+1} := a_5(b)$. Die
erste Ableitung (nach f_{n+1}) wird analog zu oben Null gesetzt:

$$a_{4,n+1} f_{n+1} \ - \ a_{5,n+1} = 0 \tag{1.31}$$

Wir fassen jetzt sämtliche Gleichungen (1.29) und Gleichung
(1.31) zusammen und erhalten ein System gewöhnlicher Differentialgleichungen der Form

$$\widetilde{B}\dot{F} = (\widetilde{C}+\widetilde{E})F + \widetilde{S} \tag{1.32}$$

mit der Anfangsbedingung

$$F(t_0) = F_0 \tag{1.33}$$

Darin ist

$$\widetilde{B} := \begin{bmatrix} 2b_1 & b_1 & & & & & \\ b_1 & 2(b_1+b_2) & b_2 & & & & \\ & b_2 & 2(b_2+b_3) & b_3 & & & \\ & & \cdot & \cdot & \cdot & \cdot & \\ & & & \cdot & \cdot & \cdot & \\ & & & & b_{n-1} & 2(b_{n-1}+b_n) & b_n \\ & & & & & b_n & 2b_n \end{bmatrix} \tag{1.34}$$

mit $b_m := \frac{1}{6}a_{0,m} d_m$, $m = 1,2,\ldots,n$,

und

$$
\tilde{C} := \begin{bmatrix}
2c_1 & c_1 & & & & & \\
c_1 & 2(c_1+c_2) & c_2 & & & & \\
& c_2 & 2(c_2+c_3) & c_3 & & & \\
& & \cdot & \cdot & \cdot & & \\
& & & \cdot & \cdot & \cdot & \\
& & & c_{n-1} & 2(c_{n-1}+c_n) & c_n \\
& & & & c_n & 2c_n
\end{bmatrix} \qquad (1.35)
$$

mit $c_m := \frac{1}{6}g_m d_m$, $m = 1,2,\ldots,n$,

und

$$
\tilde{E} := \begin{bmatrix}
-e_1 & e_1 & & & & & \\
e_1 & -e_1-e_2 & e_2 & & & & \\
& e_2 & -e_2-e_3 & e_3 & & & \\
& & \cdot & \cdot & \cdot & & \\
& & & \cdot & \cdot & \cdot & \\
& & & e_{n-1} & -e_{n-1}-e_n & e_n \\
& & & & e_n & -e_n-a_{4,n+1}
\end{bmatrix} \qquad (1.36)
$$

mit $e_m := a_{1,m}/d_m$, $m = 1,2,\ldots,n$,

und

$$
\tilde{S} := \begin{bmatrix}
s_1 \\
s_1+s_2 \\
s_2+s_3 \\
\vdots \\
s_{n-1}+s_n \\
s_n+a_{5,n+1}
\end{bmatrix}
, F := \begin{bmatrix}
f_1 \\
f_2 \\
f_3 \\
\vdots \\
f_n \\
f_{n+1}
\end{bmatrix}
, \dot{F} := \begin{bmatrix}
\dot{f}_1 \\
\dot{f}_2 \\
\dot{f}_3 \\
\vdots \\
\dot{f}_n \\
\dot{f}_{n+1}
\end{bmatrix}
,
$$

$$
F_0 := \begin{bmatrix}
f_0(x_1) \\
f_0(x_2) \\
f_0(x_3) \\
\vdots \\
f_0(x_n) \\
f_0(x_{n+1})
\end{bmatrix}
, \qquad\qquad (1.37)
$$

mit $s_m := \frac{1}{2}h_m d_m$, $m = 1,2,\ldots,n$.

Als letzten Schritt müssen wir noch die Dirichletbedingung aus
(1.12) in dieses System einbringen. Wie aus Gleichung (1.32)
bzw. aus den Matrizen (1.34), (1.35) und (1.36) ersichtlich ist,
ist $f_1 = f(a)$ lediglich in den ersten beiden Zeilen des
Gleichungssystems enthalten:

$$2b_1\dot{f}_1 + \quad\quad b_1\dot{f}_2 \quad\quad = (2c_1-e_1)f_1 + (c_1+e_1)f_2 + s_1$$

$$b_1\dot{f}_1 + 2(b_1+b_2)\dot{f}_2 + b_2\dot{f}_3 = (c_1+e_1)f_1 + (2c_1+2c_2-e_1-e_2)f_2$$

$$+ (c_2+e_2)f_3 + s_1 + s_2$$

Da $f(a,t)$ für alle $t>t_0$ bekannt ist, kennen wir auch $\dot{f}_1$ und
ersetzen daher die erste dieser beiden Gleichungen durch die
triviale Beziehung $2b_1\dot{f}_1 = 2b_1\dot{f}_1$. In der zweiten Gleichung
wird der Term, der $\dot{f}_1$ enthält, der rechten Seite zugeschlagen.
Die modifizierten Gleichungen lauten jetzt

$$2b_1\dot{f}_1 \quad\quad\quad\quad\quad = 2b_1\dot{f}_1$$

$$2(b_1+b_2)\dot{f}_2 + b_2\dot{f}_3 = \{(c_1+e_1)f_1\} + (2c_1+2c_2-e_1-e_2)f_2$$

$$+ (c_2+e_2)f_3 + \{s_1 + s_2 - b_1\dot{f}_1\}$$

Mit diesen Änderungen lautet das Differentialgleichungssystem
letztendlich

$$B\dot{F} = (C+E)F + S \tag{1.38}$$

mit den Matrizen

$$B := \begin{bmatrix} 2b_1 & 0 & & & & & \\ 0 & 2(b_1+b_2) & b_2 & & & & \\ & b_2 & 2(b_2+b_3) & b_3 & & & \\ & & \ddots & \ddots & \ddots & & \\ & & & & b_{n-1} & 2(b_{n-1}+b_n) & b_n \\ & & & & & b_n & 2b_n \end{bmatrix}$$

$$\tag{1.39}$$

$$
C := \begin{bmatrix}
0 & 0 & & & & & \\
0 & 2(c_1+c_2) & c_2 & & & & \\
& c_2 & 2(c_2+c_3) & c_3 & & & \\
& & \ddots & \ddots & \ddots & & \\
& & & c_{n-1} & 2(c_{n-1}+c_n) & c_n & \\
& & & & c_n & 2c_n &
\end{bmatrix}
$$

$$(1.40)$$

$$
E := \begin{bmatrix}
0 & 0 & & & & & \\
0 & -e_1-e_2 & e_2 & & & & \\
& e_2 & -e_2-e_3 & e_3 & & & \\
& & \ddots & \ddots & \ddots & & \\
& & & e_{n-1} & -e_{n-1}-e_n & e_n & \\
& & & & e_n & -e_n-a_{4,n+1} &
\end{bmatrix}
$$

$$(1.41)$$

und dem Vektor

$$
S(t) := \begin{bmatrix}
2b_1\dot{f}_1 \\
s_1+s_2+s^*(t) \\
s_2+s_3 \\
\vdots \\
s_{n-1}+s_n \\
s_n+a_{5,n+1}
\end{bmatrix}
\quad , \quad s^*(t) := (c_1+e_1)f_1 - b_1\dot{f}_1
$$

$$(1.42)$$

Wie bereits erwähnt, haben wir aus dem Variationsproblem ein
System gewöhnlicher, linearer Differentialgleichungen gewonnen.
Die (zeitliche) Integration dieses Systems kann mit den üblichen numerischen Methoden durchgeführt werden. Wendet man
z.B. das Verfahren von Heun (Sehnentrapezregel) an, so folgt
für die Integration von t_0 bis $t_0 + \Delta t$

$$
B\left[F(t_0+\Delta t) - F(t_0)\right] = \frac{\Delta t}{2}\Big\{(C+E)\left[F(t_0+\Delta t) + F(t_0)\right]
$$
$$
+ S(t_0+\Delta t) + S(t_0)\Big\}
$$

$$(1.43)$$

Wegen der Anfangsbedingung (1.33) kann aus dieser Gleichung
die unbekannte Größe $F(t_0+\Delta t)$ bestimmt werden. Es ergibt sich

$$\left[B - \tfrac{1}{2}\Delta t\,(C{+}E) \right] F(t_0{+}\Delta t) = \left[B + \tfrac{1}{2}\Delta t\,(C{+}E) \right] F(t_0)$$

$$+ \tfrac{1}{2}\Delta t \left[S(t_0){+}S(t_0{+}\Delta t) \right] \qquad (1.44)$$

Dieses lineare Gleichungssystem kann z.B. mit dem Gauß-Algorithmus für Gleichungssysteme mit tridiagonalen (und symmetrischen) Matrizen gelöst werden (siehe dazu auch Abschnitt 4.1). Nachdem das Gleichungssystem für den Zeitpunkt $t_0{+}\Delta t$ gelöst wurde, werden die Matrizen B, C und E - falls sie zeitabhängig sind - neu berechnet. Im Falle einer zeitlich variablen Randbedingung muß auch der Vektor S (= $S(t_0{+}2\Delta t)$) neu bestimmt werden. Das Gleichungssystem kann danach für den Zeitpunkt $t_0{+}2\Delta t$ aufgestellt und gelöst werden. Formal muß in (1.44) t_0 durch $t_0{+}\Delta t$ ersetzt werden.

Wir erhalten somit in sämtlichen Knoten zu den Zeiten t_0 , $t_0{+}\Delta t$, $t_0{+}2\Delta t$, ... Näherungswerte des Rand-Anfangswertproblems (1.8), (1.12).

Hängt die Anfangsbedingung wesentlich vom Ort x ab (oder ist sie sogar unstetig), so ist unter Umständen das rückwärtsgenommene Euler-Verfahren zur Lösung von (1.38) besser geeignet. Eine Anwendung dieser Methode ergibt

$$B\left[F(t_0{+}\Delta t) - F(t_0) \right] = \Delta t \left[(C{+}E)F(t_0{+}\Delta t) + S(t_0{+}\Delta t) \right] \quad ,$$

was sofort zu dem linearen Gleichungssystem

$$\left[B - \Delta t\,(C{+}E) \right] F(t_0{+}\Delta t) = BF(t_0) + \Delta t S(t_0{+}\Delta t) \qquad (1.45)$$

führt. Auch in diesem Fall ist die dem Gleichungssystem zugrundeliegende Matrix tridiagonal und symmetrisch.

1.1.2 Beispiel

Gegeben sei das Rand-Anfangswertproblem

$$f_{xx} - f + e^{-x} = f_t \qquad , \quad 0 < x < 6 \ , \ t > 0$$

mit der Anfangsbedingung

$$f(x,0) = x \quad\quad , \; 0 < x < 6$$

und den Randbedingungen

$$f(0,t) = t \quad\quad , \; t > 0$$

$$f_x(6,t) + f(6,t) = 7e^{-t} \quad , \quad t > 0 \tag{1.46}$$

Das gestellte Problem besitzt die exakte Lösung

$$f(x,t) = xe^{-t} + te^{-x} \quad , \quad 0 \le x \le 6 \quad , \quad t > 0 \quad .$$

Damit die nachfolgende Berechnung noch nachvollziehbar bleibt,
wählen wir eine sehr grobe Elementeinteilung (Bild 1-2). In der
Praxis wird man natürlich eine wesentlich feinere Aufteilung
vornehmen.

$$x_1 = 0 \qquad x_2 = 1 \qquad\qquad x_3 = 3 \qquad\qquad\qquad x_4 = 6$$

Bild 1-2 : Unterteilung des Intervalls (0,6) in n=3 Elemente

Es ist

$$d_1 = 1 \; , \; d_2 = 2 \; , \; d_3 = 3$$

$$a_{1,1} = a_{1,2} = a_{1,3} = 1$$

$$a_{0,1} = a_{0,2} = a_{0,3} = 1$$

$$g_1 = g_2 = g_3 = -1$$

$$h_1 = (e^0 + e^{-1})/2 = 0.684 \; , \; h_2 = 0.209 \; , \; h_3 = 0.026$$

$$a_{4,4} = 1 \ , \ a_{5,4} = 7e^{-t}$$

$$f_a(t) = t \ , \ \dot{f}_a = \dot{f}_1 = 1$$

$$f_0(x_1) = 0 \ , \ f_0(x_2) = 1 \ , \ f_0(x_3) = 3 \ , \ f_0(x_4) = 6 \quad .$$

Die Matrixelemente in (1.39), (1.40), (1.41) und die Komponenten des Vetors (1.42) werden nach (1.34), (1.35), (1.36) und (1.37) bestimmt:

$$b_1 = 1/6 \ , \ b_2 = 2/6 \ , \ b_3 = 3/6$$

$$c_1 = -1/6 \ , \ c_2 = -2/6 \ , \ c_3 = -3/6$$

$$e_1 = 6/6 \ , \ e_2 = 3/6 \ , \ e_3 = 2/6$$

$$s_1 = 0.342, \ s_2 = 0.209, \ s_3 = 0.039 \tag{1.47}$$

Das Differentialgleichungssystem (1.38) lautet für unser Beispiel

$$\frac{1}{6}\begin{bmatrix} 2 & 0 & 0 & 0 \\ 0 & 6 & 2 & 0 \\ 0 & 2 & 10 & 3 \\ 0 & 0 & 3 & 6 \end{bmatrix}\begin{bmatrix} \dot{f}_1 \\ \dot{f}_2 \\ \dot{f}_3 \\ \dot{f}_4 \end{bmatrix} = -\frac{1}{6}\begin{bmatrix} 0 & 0 & 0 & 0 \\ 0 & 15 & -1 & 0 \\ 0 & -1 & 15 & 1 \\ 0 & 0 & 1 & 14 \end{bmatrix}\begin{bmatrix} f_1 \\ f_2 \\ f_3 \\ f_4 \end{bmatrix} + \begin{bmatrix} 0.333 \\ 0.384+5/6t \\ 0.248 \\ 0.039+7e^{-t} \end{bmatrix}$$

Wir lösen diese Differentialgleichung mit der rückwärtsgenommenen Euler-Formel (1.45). Als Schrittweite wählen wir $\Delta t=1$:

$$\begin{bmatrix} 2 & 0 & 0 & 0 \\ 0 & 21 & 1 & 0 \\ 0 & 1 & 25 & 4 \\ 0 & 0 & 4 & 20 \end{bmatrix}\begin{bmatrix} f_1(1) \\ f_2(1) \\ f_3(1) \\ f_4(1) \end{bmatrix} = \begin{bmatrix} 2 & 0 & 0 & 0 \\ 0 & 6 & 2 & 0 \\ 0 & 2 & 10 & 3 \\ 0 & 0 & 3 & 6 \end{bmatrix}\begin{bmatrix} 0 \\ 1 \\ 3 \\ 6 \end{bmatrix} + \begin{bmatrix} 2.000 \\ 7.304 \\ 1.488 \\ 15.686 \end{bmatrix}$$

Die Lösung dieses linearen Gleichungssystems lautet

$$f_1(1) = 1.00 \ , \ f_2(1) = 0.84 \ , \ f_3(1) = 1.59 \ , \ f_4(1) = 2.72 \quad .$$

Ein Vergleich mit der exakten Lösung ($f(0,1)=1.00$, $f(1,1)=$
0.74 , $f(3,1)=1.15$, $f(6,1)=2.21$) zeigt, daß die Abweichungen
nicht unerheblich sind. Dies ist auf die sehr grobe Einteilung
zurückzuführen.
Um den nächsten Zeitschritt zu berechnen, ist lediglich die
Bestimmung des Vektors S(2) erforderlich, da die Elemente der
Matrizen B, C und E nicht von der Zeit abhängen. Wir erhalten
daher sofort das Gleichungssystem

$$
\begin{bmatrix} 2 & 0 & 0 & 0 \\ 0 & 21 & 1 & 0 \\ 0 & 1 & 25 & 4 \\ 0 & 0 & 4 & 20 \end{bmatrix}
\begin{bmatrix} f_1(2) \\ f_2(2) \\ f_3(2) \\ f_4(2) \end{bmatrix}
=
\begin{bmatrix} 2 & 0 & 0 & 0 \\ 0 & 6 & 2 & 0 \\ 0 & 2 & 10 & 3 \\ 0 & 0 & 3 & 6 \end{bmatrix}
\begin{bmatrix} 1.00 \\ 0.84 \\ 1.59 \\ 2.72 \end{bmatrix}
+
\begin{bmatrix} 2.000 \\ 12.304 \\ 1.488 \\ 5.917 \end{bmatrix}
$$

mit der Lösung

$$f_1(2)=2.00 \quad , \quad f_2(2)=0.94 \quad , \quad f_3(2)=0.86 \quad , \quad f_4(2)=1.18 \quad .$$

Die exakten Werte lauten

$$f(0,2)=2.00 \quad , \quad f(1,2)=0.87 \quad , \quad f(3,2)=0.51 \quad , \quad f(6,2)=0.82 \quad .$$

1.1.3 Eindimensionale Randwertprobleme

Setzen wir in (1.8) die Funktion $a_0=0$, so erhalten wir

$$\frac{\partial}{\partial x}(a_1 \frac{\partial f}{\partial x}) + g(x)f(x) + h(x) = 0 \quad , \quad a < x < b \tag{1.48}$$

mit den möglichen Randbedingungen

$$f(a) = f_a \quad \text{oder} \quad -a_1\frac{\partial f}{\partial x}\Big|_{x=a} + a_4 f(a) = a_5(a)$$

$$f(b) = f_b \quad \text{oder} \quad a_1\frac{\partial f}{\partial x}\Big|_{x=b} + a_4 f(b) = a_5(b) \tag{1.49}$$

Unter Voraussetzung einer Cauchybedingung im Randpunkt x=a und
einer Dirichletbedingung in x=b lautet das zugehörige Variationsproblem:

24

"Gesucht ist das Minimum von

$$I(f) := \int_a^b \left[\tfrac{1}{2}(a_1 f_x^2 - gf^2) - hf \right] dx$$

$$+ \tfrac{1}{2}a_4(a) f^2(a) - a_5(a) f(a) \tag{1.50}$$

wobei sämtliche Funktionen f zugelassen sind, die die
Dirichletbedingung $f(b) = f_b$ erfüllen."

Die Herleitung des FEM-Algorithmus für dieses zeitunabhängige
Problem verläuft völlig analog zum Abschnitt 1.1.1 .
Wir beschränken uns daher darauf, nur das Endresultat anzugeben.
Zu lösen ist das lineare Gleichungssystem (vgl. (1.38) - dort
erhielten wir aufgrund der Zeitabhängigkeit ein lineares Dif-
ferentialgleichungssystem)

$$(C+E)F = -S \tag{1.51}$$

mit den beiden Matrizen

$$C := \begin{bmatrix} 2c_1 & c_1 \\ c_1 & 2(c_1+c_2) & c_2 \\ & c_2 & 2(c_2+c_3) & c_3 \\ & & \ddots & \ddots & \ddots \\ & & & c_{n-1} & 2(c_{n-1}+c_n) & 0 \\ & & & & 0 & 2c_n \end{bmatrix} \tag{1.52}$$

$$E := \begin{bmatrix} -e_1-a_{4,1} & e_1 \\ e_1 & -e_1-e_2 & e_2 \\ & e_2 & -e_2-e_3 & e_3 \\ & & \ddots & \ddots & \ddots \\ & & & e_{n-1} & -e_{n-1}-e_n & 0 \\ & & & & 0 & -e_n \end{bmatrix} \tag{1.53}$$

und den Vektoren

$$
S := \begin{bmatrix} s_1 + a_{5,1} \\ s_1 + s_2 \\ s_2 + s_3 \\ \vdots \\ s_{n-1} + s_n + (c_n + e_n)f_{n+1} \\ (2c_n - e_n)f_{n+1} \end{bmatrix} \qquad\qquad F := \begin{bmatrix} f_1 \\ f_2 \\ f_3 \\ \vdots \\ f_n \\ f_{n+1} \end{bmatrix} \qquad\qquad (1.54)
$$

Die Größen c_m , e_m , s_m , $m=1,2,\ldots,n$ sind wie in (1.35),
(1.36) und (1.37) definiert. Die Abkürzungen $a_{4,1}$ und $a_{5,1}$
stehen für $a_4(a)$ bzw. $a_5(a)$.

1.1.4 Beispiel

Zu lösen sei das Randwertproblem

$$
\tfrac{1}{2}f_{xx} - 1 = 0 \qquad , \quad -1 < x < 1
$$

$$
\tfrac{1}{2}f_x(-1) = 1
$$

$$
f(1) = 0 \qquad\qquad\qquad (1.55)
$$

Wir unterteilen das Intervall $(-1,1)$ in vier gleich große Elemente, d.h. es ist

$$
d_1 = d_2 = d_3 = d_4 = \tfrac{1}{2} \qquad .
$$

Wegen $a_1 = \tfrac{1}{2}$, $g=0$, $h=-1$, $a_4 = 0$ und $a_5 = 1$ erhalten wir

$$
a_{1,1} = a_{1,2} = a_{1,3} = a_{1,4} = \tfrac{1}{2}
$$

$$
h_1 = h_2 = h_3 = h_4 = -1 \qquad .
$$

Daraus ergibt sich mit (1.36) und (1.37)

$$
e_1 = e_2 = e_3 = e_4 = 1 \quad , \quad s_1 = s_2 = s_3 = s_4 = -\tfrac{1}{4}
$$

das lineare Gleichungssystem

$$
\begin{bmatrix}
-1 & 1 & 0 & 0 & 0 \\
1 & -2 & 1 & 0 & 0 \\
0 & 1 & -2 & 1 & 0 \\
0 & 0 & 1 & -2 & 0 \\
0 & 0 & 0 & 0 & -1
\end{bmatrix}
\begin{bmatrix}
f_1 \\ f_2 \\ f_3 \\ f_4 \\ f_5
\end{bmatrix}
= \frac{1}{4}
\begin{bmatrix}
-3 \\ 2 \\ 2 \\ 2 \\ 0
\end{bmatrix}
\qquad (1.56)
$$

Die Lösung von (1.56) lautet

$$
f_1 = 0 \ , \ f_2 = -\frac{3}{4} \ , \ f_3 = -1 \ , \ f_4 = -\frac{3}{4} \ , \ f_5 = 0 \ .
$$

Sie stimmt in diesem (einfachen) Fall sogar mit der exakten
Lösung $f(x) = x^2 - 1$ überein.

1.1.5 Ansatzfunktionen höheren Grades

Bisher hatten wir angenommen, daß die gesuchte Lösung in jedem
Element linearisiert werden kann. Bessere, d.h. genauere Ergebnisse erhält man - mit entsprechend höherem Rechenaufwand - ,
wenn statt linearer Ansatzfunktionen quadratische oder kubische
Polynome verwendet werden. Im Falle quadratischer Ansätze benötigt man außer den Endpunkten des Elements noch einen weiteren Knoten in Innern. Zweckmäßigerweise wird der Mittel-
punkt des Elements gewählt (siehe Bild 1-3).

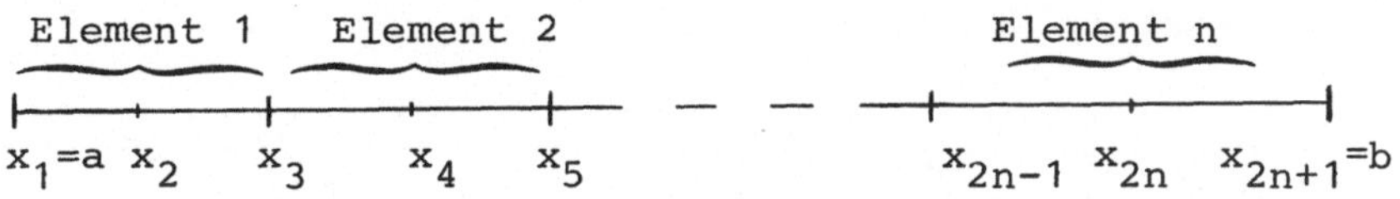

Bild 1-3 : Zerlegung des Intervalls (a,b) in n Elemente für
quadratische Ansatzfunktionen. Das m-te Element
besitzt die drei Knotenpunkte x_{2m-1} , x_{2m} , x_{2m+1} .

Statt (1.20) benutzen wir jetzt den Ansatz

$$f(u,t) = c_{1,m} + c_{2,m}u + c_{3,m}u^2 \quad , \quad 0 \leq u \leq 1 \quad , \quad m=1,2,\ldots,n$$

$$(1.57)$$

Damit ergibt sich in (1.19) für das eindimensionale Rand-Anfangswertproblem

$$I_m = \tfrac{1}{2}a_{1,m}/d_m \int (c_{2,m}+2c_{3,m}u)^2 \, du$$

$$-\tfrac{1}{2}g_m d_m \int (c_{1,m}+c_{2,m}u+c_{3,m}u^2)^2 \, du$$

$$- h_m d_m \int (c_{1,m}+c_{2,m}u+c_{3,m}u^2) \, du$$

$$+a_{0,m}d_m \int (\dot{c}_{1,m}+\dot{c}_{2,m}u+\dot{c}_{3,m}u^2)(c_{1,m}+c_{2,m}u+c_{3,m}u^2) \, du$$

$$= \tfrac{1}{2}a_{1,m}/d_m (c_{2,m}^2+2c_{2,m}c_{3,m}+\tfrac{4}{3}c_{3,m}^2)$$

$$-\tfrac{1}{2}g_m d_m (c_{1,m}^2+c_{1,m}c_{2,m}+\tfrac{2}{3}c_{1,m}c_{3,m}+\tfrac{1}{3}c_{2,m}^2+\tfrac{1}{2}c_{2,m}c_{3,m}+\tfrac{1}{5}c_{3,m}^2)$$

$$-h_m d_m (c_{1,m}+\tfrac{1}{2}c_{2,m}+\tfrac{1}{3}c_{3,m})$$

$$+a_{0,m}d_m \;\; \dot{c}_{1,m}(c_{1,m}+\tfrac{1}{2}c_{2,m}+\tfrac{1}{3}c_{3,m}) + \dot{c}_{2,m}(\tfrac{1}{2}c_{1,m}+\tfrac{1}{3}c_{2,m}+\tfrac{1}{4}c_{3,m})$$

$$+ \dot{c}_{3,m}(\tfrac{1}{3}c_{1,m}+\tfrac{1}{4}c_{2,m}+\tfrac{1}{5}c_{3,m}) \qquad (1.58)$$

Durch die in Abschnitt 1.1.1 eingeführte Matrixschreibweise wird das Ergebnis übersichtlicher:

$$I_m = \tfrac{1}{6}a_{1,m}/d_m \; c_m^t \begin{pmatrix} 0 & 0 & 0 \\ 0 & 3 & 3 \\ 0 & 3 & 4 \end{pmatrix} c_m - \tfrac{1}{120}g_m d_m \; c_m^t \begin{pmatrix} 60 & 30 & 20 \\ 30 & 20 & 15 \\ 20 & 15 & 12 \end{pmatrix} c_m$$

$$-\tfrac{1}{6}h_m d_m \; c_m^t \begin{pmatrix} 6 \\ 3 \\ 2 \end{pmatrix} + \tfrac{1}{60}a_{0,m}d_m \; c_m^t \begin{pmatrix} 60 & 30 & 20 \\ 30 & 20 & 15 \\ 20 & 15 & 12 \end{pmatrix} \dot{c}_m$$

$$m=1,2,\ldots,n \qquad (1.59)$$

Wir bestimmen jetzt analog zu 1.1.1 die Koeffizienten der Ansatzfunktionen (1.57), d.h. die Komponenten des Vektors

$$c_m := \begin{bmatrix} c_{1,m} \\ c_{2,m} \\ c_{3,m} \end{bmatrix} \quad , \quad m=1,2,\ldots,n \tag{1.60}$$

Im m-ten Element gilt für

$$u=0 \quad (x=x_{2m-1}) \quad : \quad f(0,t) =: f_{2m-1} = c_{1,m}$$

$$u=\tfrac{1}{2} \quad (x=x_{2m}) \quad : \quad f(\tfrac{1}{2},t) =: f_{2m} = c_{1,m}+\tfrac{1}{2}c_{2,m}+\tfrac{1}{4}c_{3,m}$$

$$u=1 \quad (x=x_{2m+1}) \quad : \quad f(1,t) =: f_{2m+1} = c_{1,m}+c_{2,m}+c_{3,m} \quad ,$$

woraus sofort

$$c_m = \begin{bmatrix} 1 & 0 & 0 \\ -3 & 4 & -1 \\ 2 & -4 & 2 \end{bmatrix} \begin{bmatrix} f_{2m-1} \\ f_{2m} \\ f_{2m+1} \end{bmatrix} \quad , \quad m=1,2,\ldots,n \tag{1.61}$$

folgt. Wir setzen diese Beziehung in (1.59) ein und erhalten unter Beachtung von (1.27)

$$I_m = \tfrac{1}{6}a_{1,m}/d_m \, \tilde{f}_m^t \begin{pmatrix} 7 & -8 & 1 \\ -8 & 16 & -8 \\ 1 & -8 & 7 \end{pmatrix} \tilde{f}_m - \tfrac{1}{60}g_m d_m \, \tilde{f}_m^t \begin{pmatrix} 4 & 2 & -1 \\ 2 & 16 & 2 \\ -1 & 2 & 4 \end{pmatrix} \tilde{f}_m$$

$$- \tfrac{1}{6}h_m d_m \, \tilde{f}_m^t \begin{pmatrix} 1 \\ 4 \\ 1 \end{pmatrix} + \tfrac{1}{30}a_{0,m} d_m \, \tilde{f}_m^t \begin{pmatrix} 4 & 2 & -1 \\ 2 & 16 & 2 \\ -1 & 2 & 4 \end{pmatrix} \dot{\tilde{f}}_m \tag{1.62}$$

mit

$$\tilde{f}_m := \begin{pmatrix} f_{2m-1} \\ f_{2m} \\ f_{2m+1} \end{pmatrix} \quad , \quad \dot{\tilde{f}}_m := \begin{pmatrix} \dot{f}_{2m-1} \\ \dot{f}_{2m} \\ \dot{f}_{2m+1} \end{pmatrix} \tag{1.63}$$

Für den Fall, daß im Randpunkt x=a eine Dirichletbedingung und
in x=b eine Cauchybedingung herrscht, folgt mit einer zu (1.31)
analogen Gleichung das Differentialgleichungssystem

$$B\dot{F} = (C+E)F + S \tag{1.64}$$

mit der Anfangsbedingung (1.33). Hierin bezeichnet

$$B := \begin{bmatrix}
4b_1 & 0 & 0 \\
0 & 16b_1 & 2b_1 \\
0 & 2b_1 & 4(b_1+b_2) & 2b_2 & -b_2 \\
& & 2b_2 & 16b_2 & 2b_2 \\
& & & \ddots & \ddots & \ddots \\
& & & & \ddots & \ddots & \ddots \\
& & & -b_{n-1} & 2b_{n-1} & 4(b_{n-1}+b_n) & 2b_n & -b_n \\
& & & & & 2b_n & 16b_n & 2b_n \\
& & & & & -b_n & 2b_n & 4b_n
\end{bmatrix}$$

$$\text{mit} \quad b_m := \frac{1}{30}a_{0,m}d_m \quad , \quad m=1,2,\ldots,n \tag{1.65}$$

$$C := \begin{bmatrix}
0 & 0 & 0 \\
0 & 16c_1 & 2c_1 \\
0 & 2c_1 & 4(c_1+c_2) & 2c_2 & -c_2 \\
& & 2c_2 & 16c_2 & 2c_2 \\
& & & \ddots & \ddots & \ddots \\
& & & & \ddots & \ddots & \ddots \\
& & & -c_{n-1} & 2c_{n-1} & 4(c_{n-1}+c_n) & 2c_n & -c_n \\
& & & & & 2c_n & 16c_n & 2c_n \\
& & & & & -c_n & 2c_n & 4c_n
\end{bmatrix}$$

$$\text{mit} \quad c_m := \frac{1}{30}g_m d_m \quad , \quad m=1,2,\ldots,n \tag{1.66}$$

$$
E := \begin{bmatrix}
0 & 0 & 0 \\
0 & -16e_1 & 8e_1 \\
0 & 8e_1 & -7(e_1+e_2) & 8e_2 & -e_2 \\
 & & 8e_2 & -16e_2 & 8e_2 \\
 & & & \ddots & \ddots & \ddots \\
 & & & & \ddots & \ddots & \ddots \\
 & & -e_{n-1} & 8e_{n-1} & -7(e_{n-1}+e_n) & 8e_n & -e_n \\
 & & & & 8e_n & -16e_n & 8e_n \\
 & & & & -e_n & 8e_n & -7e_n-a_{4,2n+1}
\end{bmatrix}
$$

$$
\text{mit}\quad e_m := \tfrac{1}{3}a_{1,m}/d_m \quad,\quad m=1,2,\ldots,n \tag{1.67}
$$

$$
S := \begin{bmatrix}
4b_1\dot{f}_1 \\
4s_1+s^*(t) \\
s_1+s_2+s^{**}(t) \\
4s_2 \\
s_2+s_3 \\
\vdots \\
s_{n-1}+s_n \\
4s_n \\
s_n+a_{5,n+1}
\end{bmatrix}
,\quad
F := \begin{bmatrix}
f_1 \\ f_2 \\ f_3 \\ f_4 \\ f_5 \\ \vdots \\ f_{2n-1} \\ f_{2n} \\ f_{2n+1}
\end{bmatrix}
,\quad
\dot{F} := \begin{bmatrix}
\dot{f}_1 \\ \dot{f}_2 \\ \dot{f}_3 \\ \dot{f}_4 \\ \dot{f}_5 \\ \vdots \\ \dot{f}_{2n-1} \\ \dot{f}_{2n} \\ \dot{f}_{2n+1}
\end{bmatrix}
,\quad
F_0 := \begin{bmatrix}
f_0(x_1) \\ f_0(x_2) \\ f_0(x_3) \\ f_0(x_4) \\ f_0(x_5) \\ \vdots \\ f_0(x_{2n-1}) \\ f_0(x_{2n}) \\ f_0(x_{2n+1})
\end{bmatrix}
$$

$$
\text{mit}\quad s^*(t) := (2c_1+8e_1)f_1-2b_1\dot{f}_1 \quad,\quad a_{4,2n+1} := a_4(b) \quad,
$$

$$
s^{**}(t) := (-c_1-e_1)f_1+b_1\dot{f}_1 \quad,\quad a_{5,2n+1} := a_5(b) \quad,
$$

$$
s_m := \tfrac{1}{6}h_m d_m \quad,\quad m=1,2,\ldots,n \tag{1.68}
$$

Die Integration dieses Differentialgleichungssystem erfolgt wie
in 1.1.1 beschrieben. Das sich daraus ergebende lineare Gleichungssystem besitzt eine fünfdiagonale, symmetrische Matrix.
Die Herleitung des Gleichungssystem für das Randwertproblem
mit quadratischen Ansatzfunktionen ergibt sich aus (1.64) bis
(1.68) und bleibt dem Leser als Übung überlassen. Das Gleiche
gilt für die Herleitungen der Gleichungen mit kubischen Funktionen.

1.1.6 Das zweidimensionale Rand-Anfangswertproblem

Es lautet

$$\frac{\partial}{\partial x}(a_1 \frac{\partial f}{\partial x}) + \frac{\partial}{\partial y}(a_2 \frac{\partial f}{\partial y}) + gf + h = a_0\frac{\partial f}{\partial t} \ , \ (x,y) \in P \ , \ t > t_0$$

$$(1.69)$$

mit der Anfangsbedingung

$$f(x,y,t_0) = f_0(x,y) \qquad , \quad (x,y) \in P \tag{1.70}$$

und den Randbedingungen

$$f(x,y,t) = f_R(x,y,t) \quad \text{für} \quad (x,y) \in R_1 \tag{1.71}$$

und

$$a_1 \frac{\partial f}{\partial x} n_x + a_2 \frac{\partial f}{\partial y} n_y + a_4 f = a_5 \ , \quad (x,y) \in R_2 \tag{1.72}$$

wobei die mengenmäßige Vereinigung von R_1 und R_2 den gesamten Rand R von P ergibt.
Wir formulieren für (1.69) bis (1.72) das Variationsproblem:

"Minimiere den Ausdruck

$$I(f) \ := \int_P \left[\frac{1}{2}(a_1 f_x^2 + a_2 f_y^2 - gf^2) - hf + a_0 f_t f\right] dx \ dy$$

$$+ \int_{R_2} \left[\frac{1}{2}a_4 f^2 - a_5 f\right] ds \tag{1.73}$$

unter allen Funktionen $f = f(x,y,t)$, die die Bedingungen (1.70) und (1.71) erfüllen."

Wir zerlegen - analog zum eindimensionalen Fall - das ebene (und beschränkte) Gebiet P in mehrere kleinere und geometrisch einfachere Elemente. Wir betrachten zunächst den einfachsten Fall, die Zerlegung von P in Dreiecke (Bild 1-4). Wir können somit die Integration über P in (1.73) aufteilen :

$$I(f) = \int_{D_1} \left[\tfrac{1}{2}(a_1 f_x^2 + a_2 f_y^2 - gf^2) - hf + a_0 f_t f \right] dx\, dy$$

$$+ \int_{D_2} \left[\tfrac{1}{2}(a_1 f_x^2 + a_2 f_y^2 - gf^2) - hf + a_0 f_t f \right] dx\, dy$$

$$+ \ \ldots$$

$$+ \int_{D_n} \left[\tfrac{1}{2}(a_1 f_x^2 + a_2 f_y^2 - gf^2) - hf + a_0 f_t f \right] dx\, dy$$

$$+ \int_{R_2} \left[\tfrac{1}{2}a_4 f^2 - a_5 f \right] ds$$

$$=: I_1 + I_2 + \ldots + I_n + R(f) \qquad\qquad (1.74)$$

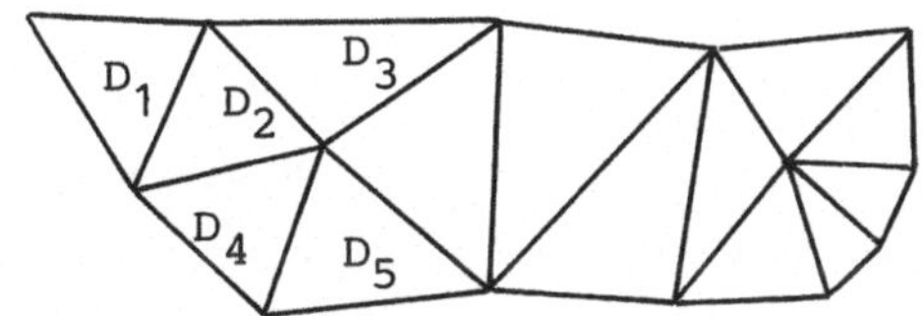

Bild 1-4 : Zerlegung des ebenen Gebiets P in n Dreiecke
D_1 , D_2 , ... , D_n .

Damit die Integration für alle Elemente in einheitlicher Weise
durchgeführt werden kann, wird jedes Element einer (linearen)
Abbildung unterworfen, die es auf ein "Einheitselement" D_0
transformiert. Die Abbildungsvorschrift für das m-te Element,
das die Eckpunkte $P_i = (x_i, y_i)$, $P_j = (x_j, y_j)$ und $P_k = (x_k, y_k)$
(siehe dazu auch Bild 1-5) haben möge, lautet

$$x = x_i + (x_j - x_i)u + (x_k - x_i)v \ , \qquad (x,y) \in D_m \ ,$$

$$y = y_i + (y_j - y_i)u + (y_k - y_i)v \ , \ 0 \le u \le 1-v \ , \ 0 \le v \le 1 \quad (1.75)$$

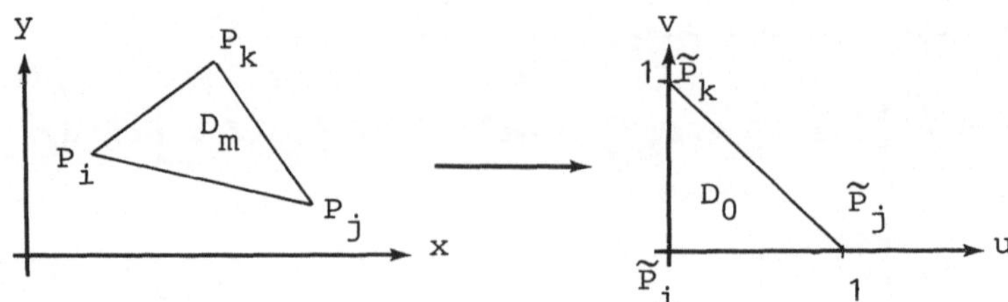

Bild 1-5 : Das Dreieck D_m mit den im Gegenuhrzeigersinn angegebenen Eckpunkten P_i , P_j , P_k wird auf ein recht-
winkliges, gleichschenkliges Standarddreieck D_0 abgebildet

Die Berechnung der Jakobi-Determinante d_m dieser Substitution
ergibt sich zu

$$d_m = \det \begin{pmatrix} x_u & x_v \\ y_u & y_v \end{pmatrix} = x_u y_v - x_v y_u$$

$$= (x_j - x_i)(y_k - y_i) - (x_k - x_i)(y_j - y_i) \tag{1.76}$$

und ist doppelt so groß wie der Flächeninhalt des Dreiecks,
d.h. d_m ist in jedem Fall positiv (bei einer Numerierung im
Gegenuhrzeigersinn). Setzen wir die Substitution (1.75) in das
m-te Integral von (1.74) ein, so folgt

$$I_m = \int_{D_0} \frac{1}{2}\left[a_1(f_u u_x + f_v v_x)^2 + a_2(f_u u_y + f_v v_y)^2\right] d_m \, dx \, dy$$

$$+ \int_{D_0} \left[-\frac{1}{2}gf^2 - hf + a_0 f_t f\right] d_m \, dx \, dy$$

$$= \int \frac{1}{2}f_u^2(a_1 u_x^2 + a_2 u_y^2) d_m \, dx \, dy$$

$$+ \int f_u f_v(a_1 u_x v_x + a_2 u_y v_y) d_m \, dx \, dy$$

$$+ \int \frac{1}{2}f_v^2(a_1 v_x^2 + a_2 v_y^2) d_m \, dx \, dy$$

$$+ \int (-\frac{1}{2}gf^2 - hf + a_0 f_t f) d_m \, dx \, dy \qquad , \; m=1,2,\ldots,n \tag{1.77}$$

Wir bestimmen zunächst die Größen u_x und v_x . Dazu leiten wir
die Gleichungen (1.75) nach x ab:

$$1 = (x_j - x_i) u_x + (x_k - x_i) v_x$$

$$0 = (y_j - y_i) u_x + (y_k - y_i) v_x$$

Mit (1.76) lautet die Lösung dieses Gleichungssystems

$$u_x = (y_k - y_i)/d_m \quad , \quad v_x = -(y_j - y_i)/d_m \tag{1.78}$$

Analog lassen sich die Größen u_y und v_y bestimmen, wenn (1.75)
nach y abgeleitet wird:

$$u_y = -(x_k - x_i)/d_m \quad , \quad v_y = (x_j - x_i)/d_m \tag{1.79}$$

Ähnlich wie im eindimensionalen Fall werden die Funktionen a_0,
a_1, a_2, g und h durch Mittelwerte ersetzt, z. B.

$$a_0(x,y,t) \approx \frac{1}{3} \left[a_0(x_i,y_i,t) + a_0(x_j,y_j,t) + a_0(x_k,y_k,t) \right] := a_{0,m}$$

$$\text{für das Dreieck } D_m \tag{1.80}$$

Wenn wir noch die Abkürzungen

$$e_{11,m} := (a_{1,m} u_x^2 + a_{2,m} u_y^2) d_m = \left[a_{1,m} (y_k - y_i)^2 + a_{2,m} (x_k - x_i)^2 \right] / d_m$$

$$e_{12,m} := (a_{1,m} u_x v_x + a_{2,m} u_y v_y) d_m$$

$$= -\left[a_{1,m} (y_k - y_i)(y_j - y_i) + a_{2,m} (x_k - x_i)(x_j - x_i) \right] / d_m$$

$$e_{22,m} := (a_{1,m} v_x^2 + a_{2,m} v_y^2) d_m = \left[a_{1,m} (y_j - y_i)^2 + a_{2,m} (x_j - x_i)^2 \right] / d_m$$

$$m = 1, 2, \ldots, n \tag{1.81}$$

einführen, so läßt sich (1.77) wie folgt schreiben

$$I_m = e_{11,m}/2 \int f_u^2 \, du \, dv + e_{12,m} \int f_u f_v \, du \, dv$$

$$+ e_{22,m}/2 \int f_v^2 \, du \, dv - g_m d_m/2 \int f^2 \, du \, dv$$

$$- h_m d_m \int f \, du \, dv + a_{0,m} d_m \int f_t f \, du \, dv \quad , \quad m=1,2,\ldots,n \quad (1.82)$$

Wir benutzen auch hier zunächst lineare Ansatzfunktionen, d.h. die gesuchte Lösung ist in jedem Element (näherungsweise) darstellbar durch

$$f(u,v,t) = c_{1,m} + c_{2,m} u + c_{3,m} v \quad , \quad 0 \le u \le 1-v \ , \quad 0 \le v \le 1 \ ,$$

$$m=1,2,\ldots,n \quad (1.83)$$

mit zeitabhängigen (und noch zu bestimmenden) Größen $c_{1,m}$, $c_{2,m}$ und $c_{3,m}$. Setzen wir (1.83) in (1.82) ein, so ergibt sich

$$I_m = e_{11,m}/2 \int c_{2,m}^2 \, du \, dv + e_{12,m} \int c_{2,m} c_{3,m} \, du \, dv$$

$$+ e_{22,m}/2 \int c_{3,m}^2 \, du \, dv - g_m d_m/2 \int (c_{1,m}+c_{2,m}u+c_{3,m}v)^2 \, du \, dv$$

$$- h_m d_m \int (c_{1,m}+c_{2,m}u+c_{3,m}v) \, du \, dv$$

$$+ a_{0,m} d_m \int (\dot{c}_{1,m}+\dot{c}_{2,m}u+\dot{c}_{3,m}v)(c_{1,m}+c_{2,m}u+c_{3,m}v) \, du \, dv \quad ,$$

$$m=1,2,\ldots,n \quad (1.84)$$

Für $\alpha = 0,1,2,\ldots$, $\beta = 0,1,2,\ldots$ gilt

$$\int_{D_0} u^\alpha v^\beta \, du \, dv = \int_0^1 \int_0^{1-v} u^\alpha v^\beta \, du \, dv = \frac{1}{\alpha+1} \int_0^1 (1-v)^{\alpha+1} v^\beta \, dv$$

$$= \frac{\alpha! \, \beta!}{(\alpha+\beta+2)!} \quad (1.85)$$

Die obigen Integrale lassen sich mit Hilfe dieser Formel leicht berechnen:

$$I_m = \frac{1}{4} \left[e_{11,m} c_{2,m}^2 + 2e_{12,m} c_{2,m} c_{3,m} + e_{22,m} c_{3,m}^2 \right]$$

$$- \frac{1}{48} g_m d_m \left[12 c_{1,m}^2 + 8 c_{1,m} c_{2,m} + 8 c_{1,m} c_{3,m} + 2 c_{2,m}^2 \right.$$

$$\left. + 2 c_{2,m} c_{3,m} + 2 c_{3,m}^2 \right]$$

$$- \frac{1}{6} h_m d_m \left[3c_{1,m} + c_{2,m} + c_{3,m} \right]$$

$$+ \frac{1}{24} a_{0,m} d_m \left[4\dot{c}_{1,m}(3c_{1,m}+c_{2,m}+c_{3,m}) + \dot{c}_{2,m}(4c_{1,m}+2c_{2,m} \right.$$

$$\left. +c_{3,m}) + \dot{c}_{3,m}(4c_{1,m}+c_{2,m}+2c_{3,m}) \right] , \quad m=1,2,\ldots,n \quad (1.86)$$

Wir schreiben dieses Ergebnis in Matrizenform auf und erhalten
mit dem Vektor

$$c_m := \begin{bmatrix} c_{1,m} \\ c_{2,m} \\ c_{3,m} \end{bmatrix} , \quad m=1,2,\ldots,n \quad (1.87)$$

für das m-te Integral

$$I_m := \frac{1}{4} c_m^t \begin{bmatrix} 0 & 0 & 0 \\ 0 & e_{11,m} & e_{12,m} \\ 0 & e_{12,m} & e_{22,m} \end{bmatrix} c_m - \frac{1}{48} g_m d_m c_m^t \begin{bmatrix} 12 & 4 & 4 \\ 4 & 2 & 1 \\ 4 & 1 & 2 \end{bmatrix} c_m$$

$$- \frac{1}{6} h_m d_m c_m^t \begin{bmatrix} 3 \\ 1 \\ 1 \end{bmatrix} + \frac{1}{24} a_{0,m} d_m c_m^t \begin{bmatrix} 12 & 4 & 4 \\ 4 & 2 & 1 \\ 4 & 1 & 2 \end{bmatrix} \dot{c}_m$$

$$, \quad m=1,2,\ldots,n \quad (1.88)$$

Werden die (gesuchten) Funktionswerte in den Eckpunkten des
Dreiecks, d.h. in den Punkten P_i, P_j, P_k mit f_i, f_j und f_k bezeichnet, so ist wegen (1.83)

$$u=0 \ , \ v=0 \quad (=P_i) \quad : \quad f_i = c_{1,m}$$

$$u=1 \ , \ v=0 \quad (=P_j) \quad : \quad f_j = c_{1,m} + c_{2,m}$$

$$u=0 \ , \ v=1 \quad (=P_k) \quad : \quad f_k = c_{1,m} + c_{3,m} \quad , \quad (1.89)$$

woraus sofort

$$c_m = \begin{bmatrix} 1 & 0 & 0 \\ -1 & 1 & 0 \\ -1 & 0 & 1 \end{bmatrix} \begin{bmatrix} f_i \\ f_j \\ f_k \end{bmatrix} \quad , \quad m=1,2,\ldots,n \qquad (1.90)$$

folgt. Ersetzen wir jetzt in (1.88) den Vektor c_m durch (1.90), so ergibt sich nach Ausführung der Multiplikationen

$$I_m = \frac{1}{4} \begin{bmatrix} f_i \\ f_j \\ f_k \end{bmatrix}^t \begin{bmatrix} e_{11,m}+2e_{12,m}+e_{22,m} & -e_{11,m}-e_{12,m} & -e_{12,m}-e_{22,m} \\ -e_{11,m}-e_{12,m} & e_{11,m} & e_{12,m} \\ -e_{12,m}-e_{22,m} & e_{12,m} & e_{22,m} \end{bmatrix} \begin{bmatrix} f_i \\ f_j \\ f_k \end{bmatrix}$$

$$-\frac{1}{48}g_m d_m \begin{bmatrix} f_i \\ f_j \\ f_k \end{bmatrix}^t \begin{bmatrix} 2 & 1 & 1 \\ 1 & 2 & 1 \\ 1 & 1 & 2 \end{bmatrix} \begin{bmatrix} f_i \\ f_j \\ f_k \end{bmatrix} - \frac{1}{6}h_m d_m \begin{bmatrix} f_i \\ f_j \\ f_k \end{bmatrix}^t \begin{bmatrix} 1 \\ 1 \\ 1 \end{bmatrix}$$

$$+\frac{1}{24}a_{0,m} d_m \begin{bmatrix} f_i \\ f_j \\ f_k \end{bmatrix}^t \begin{bmatrix} 2 & 1 & 1 \\ 1 & 2 & 1 \\ 1 & 1 & 2 \end{bmatrix} \begin{bmatrix} \dot{f}_i \\ \dot{f}_j \\ \dot{f}_k \end{bmatrix} \quad , \quad m=1,2,\ldots,n \qquad (1.91)$$

Wir berechnen nun das Randintegral $R(f)$ in (1.74), das die Cauchybedingung (1.72) des Rand-Anfangswertproblems berücksichtigt:

Es sei D_m ein Dreieck der Zerlegung, dessen eine Seite zum Randteil R_2 gehört. Diese Seite sei durch die Dreieckspunkte $P_p = (x_p,y_p)$ und $P_q = (x_q,y_q)$ gegeben (Bild 1-6).

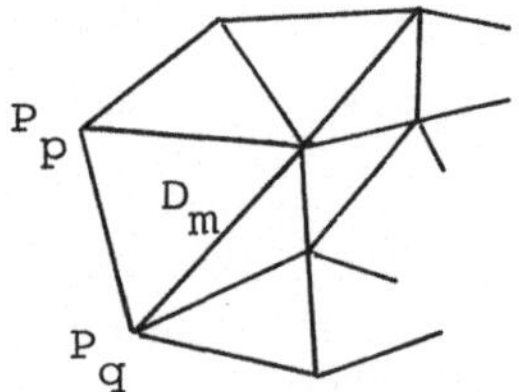

Bild 1-6 : Das Dreieck D_m hat mit dem Randteil R_2 des Gebiets P die Strecke $P_p P_q$ gemeinsam.

Die Integration über R_2 in (1.74) wird entsprechend der vorgenommenen Zerlegung aufgeteilt, so daß jeweils über Geradenstücke (= Dreiecksseiten) integriert wird. Für das obige Element ergibt sich somit

$$I_{p,q}(f) := \int\limits_{P_p P_q} \left[\frac{1}{2} a_4 f^2 - a_5 f \right] ds \qquad (1.92)$$

Auch hier führen wir eine Substitution durch

$$s = d_{p,q} \sigma \quad , \quad 0 \le \sigma \le 1 \qquad (1.93)$$

wobei $d_{p,q}$ die Länge der Strecke $P_p P_q$ ist,

$$d_{p,q} := \sqrt{(x_p - x_q)^2 + (y_p - y_q)^2} \qquad (1.94)$$

Da wir lineare Ansatzfunktionen gewählt haben, ist die gesuchte Lösung f auch auf dem Rand als stückweise lineare Funktion darstellbar, d.h.

$$f(\sigma,t) = f_p + (f_q - f_p)\sigma \quad , \quad 0 \le \sigma \le 1 \qquad (1.95)$$

Hierin bezeichnen f_p und f_q die Funktionswerte der Lösung in den beiden Punkten P_p und P_q. Wir setzen die Substitution (1.93) in (1.92) ein und erhalten

$$\begin{aligned}
I_{p,q} = {}& \frac{1}{2} a_{4,p,q} d_{p,q} \int_0^1 [f_p + (f_q - f_p)\sigma]^2 \, d\sigma \\[1ex]
& - a_{5,p,q} d_{p,q} \int_0^1 [f_p + (f_q - f_p)\sigma] \, d\sigma \\[1ex]
= {}& \frac{1}{12} a_{4,p,q} d_{p,q} \begin{bmatrix} f_p \\ f_q \end{bmatrix}^t \begin{bmatrix} 2 & 1 \\ 1 & 2 \end{bmatrix} \begin{bmatrix} f_p \\ f_q \end{bmatrix} - \frac{1}{2} a_{5,p,q} d_{p,q} \begin{bmatrix} f_p \\ f_q \end{bmatrix}^t \begin{bmatrix} 1 \\ 1 \end{bmatrix}
\end{aligned}$$

$$\qquad (1.96)$$

Die Größen a_4 und a_5 wurden - wie üblich - durch ihre Mittelwerte ersetzt.

Aufgrund der vom Variationsproblem (1.73) geforderten Minimierung der Integrale I_m , m=1,2,...,n und des Randintegrals R(f) (bzw. dessen Teilintegrale) müssen die ersten partiellen

Ableitungen (nach den unabhängigen Größen f_1, f_2, ...) von I_m, $m=1,2,...,n$ und $R(f)$ Null gesetzt werden. Für I_m bedeutet das wegen (1.91)

$$\frac{1}{2}\begin{bmatrix} e_{11,m}+2e_{12,m}+e_{22,m} & -e_{11,m}-e_{12,m} & -e_{12,m}-e_{22,m} \\ -e_{11,m}-e_{12,m} & e_{11,m} & e_{12,m} \\ -e_{12,m}-e_{22,m} & e_{12,m} & e_{22,m} \end{bmatrix}\begin{bmatrix} f_i \\ f_j \\ f_k \end{bmatrix}$$

$$-\frac{1}{24}g_m d_m \begin{bmatrix} 2 & 1 & 1 \\ 1 & 2 & 1 \\ 1 & 1 & 2 \end{bmatrix}\begin{bmatrix} f_i \\ f_j \\ f_k \end{bmatrix} - \frac{1}{6}h_m d_m \begin{bmatrix} 1 \\ 1 \\ 1 \end{bmatrix}$$

$$+\frac{1}{24}a_{0,m} d_m \begin{bmatrix} 2 & 1 & 1 \\ 1 & 2 & 1 \\ 1 & 1 & 2 \end{bmatrix}\begin{bmatrix} \dot{f}_i \\ \dot{f}_j \\ \dot{f}_k \end{bmatrix} = \begin{bmatrix} 0 \\ 0 \\ 0 \end{bmatrix} \qquad , m=1,2,...,n \qquad (1.97)$$

Wir erhalten auf diese Weise für jedes Element ein Differentialgleichungssystem, in das lediglich die gesuchten Funktionswerte
und deren zeitliche Ableitungen eingehen (vgl. Abschnitt 1.1.1).
Für die Randbedingung führt die geforderte Minimierung auf die
Gleichungen

$$\frac{1}{6}a_{4,p,q} d_{p,q} \begin{bmatrix} 2 & 1 \\ 1 & 2 \end{bmatrix}\begin{bmatrix} f_p \\ f_q \end{bmatrix} - \frac{1}{2}a_{5,p,q} d_{p,q} \begin{bmatrix} 1 \\ 1 \end{bmatrix} = \begin{bmatrix} 0 \\ 0 \end{bmatrix} \qquad (1.98)$$

Es sei an dieser Stelle darauf hingewiesen, daß nicht in einer
der Gleichungen (1.97) oder (1.98) ein Faktor herausgekürzt
werden darf, da diese Gleichungen voneinander abhängig sind.
Die Gleichungen werden jetzt zu einem Differentialgleichungssystem zusammengefaßt. Da die Knoten nicht wie im eindimensionalen Fall linear angeordnet sind, ist natürlich die Struktur der Matrizen vom Gebiet P und von der Numerierung der Knoten abhängig. Wir werden darauf im nächsten Abschnitt noch einmal eingehen. Die Berücksichtigung der Dirichletbedingung erfolgt analog zu 1.1.1.

1.1.7 Beispiel zum zweidimensionalen Rand-Anfangswertproblem

Gegeben sei eine Platte P mit den aus Bild 1-7 zu entnehmenden
Abmessungen. Die thermophysikalischen Daten seien

$$\lambda = 2 \text{ W/cm } {}^{\circ}\text{C} \quad , \quad \rho = 4 \text{ g/cm}^3 \quad , \quad c_p = 0.5 \text{ J/g } {}^{\circ}\text{C} \qquad (1.99)$$

Gesucht ist die Temperaturverteilung innerhalb der Platte für
Zeiten $t > 0$, wenn zur Zeit $t=0$ in der gesamten Platte eine
Temperatur von $T=20\ {}^{\circ}\text{C}$ herrscht und eine innere (z.B. elektri-
sche) Wärmequelle mit einer Leistung von $\dot{q}=3$ W/cm^3 die Platte
erwärmt.

Als Randbedingungen sind vorgegeben

$$T(x,y,t) = 20 \qquad , \quad (x,y) \in R_1 \qquad , \quad t > 0$$

$$\lambda \frac{\partial T}{\partial n} - \frac{1}{2}T = 0 \qquad , \quad (x,y) \in R_{2,1}$$

$$\lambda \frac{\partial T}{\partial n} = 0 \qquad , \quad (x,y) \in R_{2,2} \qquad (1.100)$$

Die Wärmeleitungsgleichung lautet für dieses Beispiel

$$\lambda \left(\frac{\partial^2 T}{\partial x^2} + \frac{\partial^2 T}{\partial y^2} \right) + \dot{q} = \rho c_p \frac{\partial T}{\partial t} \quad , \quad (x,y) \in P \ , \ t > 0 \qquad (1.101)$$

mit der Anfangsbedingung

$$T(x,y,0) = 20 \quad , \quad (x,y) \in P \qquad (1.102)$$

Es ist also

$$a_1 = a_2 = \lambda = 2 \quad , \quad g = 0 \ , \ h = 3 \ , \ a_0 = \rho c_p = 2 \quad ,$$

$$a_4 = -0.5 \quad \text{für } (x,y) \in R_{2,1} \text{ und } a_4 = 0 \qquad \text{für } (x,y) \in R_{2,2}$$

$$a_5 = 0 \qquad (1.103)$$

Bemerkungen: 1. In der Praxis hängen die Wärmeleitfähigkeit λ , die Dichte ρ und die spezifische Wärme c_p von der Temperatur T ab. Die Koeffizienten vor den Matrizen in (1.97) müssen dann für jeden Zeitschritt neu bestimmt werden.

2. Falls $a_1 = a_2 =: a$, gilt allgemein

$$a_1 \frac{\partial f}{\partial x}\, n_x + a_2 \frac{\partial f}{\partial y}\, n_y = a \left(\frac{\partial f}{\partial x}\, , \, \frac{\partial f}{\partial y} \right) \left(n_x\, , \, n_y \right)^t = a \frac{\partial f}{\partial n} \quad .$$

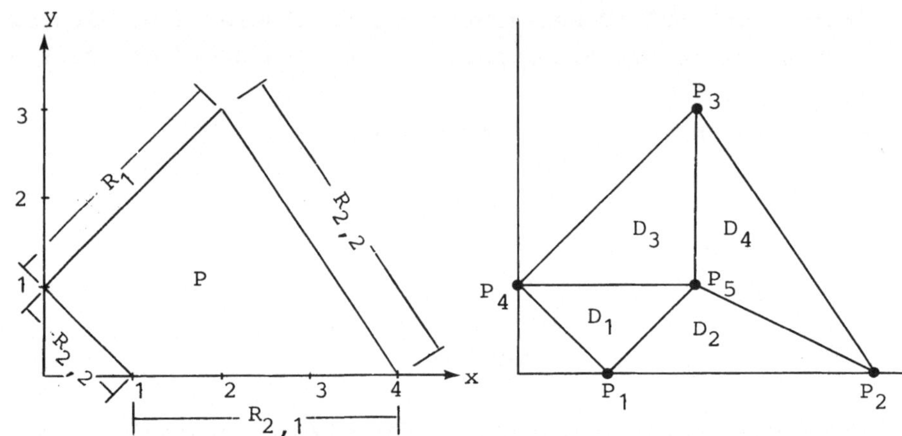

Bild 1-7: Die Platte P (links) habe zur Zeit t=0 eine Temperatur von 20 $^\circ$C. Dieser Wert wird auf R_1 konstant beibehalten, während das Randstück $R_{2,1}$ von außen erwärmt wird. Der Rest $(R_{2,2})$ ist thermisch isoliert. Rechts: Die Zerlegung von P in vier Dreiecke.

Wir lösen jetzt das Wärmeleitungsproblem (1.101) mit den Bedingungen (1.100) und (1.102). Dazu wird die Platte P , wie in Bild 1-7 rechts dargestellt, in vier Dreiecke D_1 bis D_4 zerlegt. Für jedes dieser vier Dreiecke berechnen wir das System (1.97) :

Nach (1.76) ist für das erste Dreieck, das die Eckpunkte P_1 , P_5 und P_4 besitzt

$$d_1 = (x_5 - x_1)(y_4 - y_1) - (x_4 - x_1)(y_5 - y_1) = 2$$

42

Weiter ist mit (1.81) und (1.103)

$$e_{11,1} = 2 \ , \ e_{12,1} = 0 \ , \ e_{22,1} = 2 \ ,$$

so daß sich für D_1 das Differentialgleichungssystem

$$\frac{1}{2} \begin{bmatrix} 4 & -2 & -2 \\ -2 & 2 & 0 \\ -2 & 0 & 2 \end{bmatrix} \begin{bmatrix} T_1 \\ T_5 \\ T_4 \end{bmatrix} - \begin{bmatrix} 1 \\ 1 \\ 1 \end{bmatrix} + \frac{1}{6} \begin{bmatrix} 2 & 1 & 1 \\ 1 & 2 & 1 \\ 1 & 1 & 2 \end{bmatrix} \begin{bmatrix} \dot{T}_1 \\ \dot{T}_5 \\ \dot{T}_4 \end{bmatrix} = \begin{bmatrix} 0 \\ 0 \\ 0 \end{bmatrix}$$

$$(1.104)$$

ergibt. Entsprechend folgt für das zweite Dreieck, das nach Bild 1-7 die Eckpunkte P_1 , P_2 und P_5 besitzt

$$d_2 = (x_2-x_1)(y_5-y_1) - (x_5-x_1)(y_2-y_1) = 3$$

$$e_{11,2} = 4/3 \ , \ e_{12,2} = -2 \ , \ e_{22,2} = 6 \ .$$

Wir erhalten somit

$$\frac{1}{6} \begin{bmatrix} 10 & 2 & -12 \\ 2 & 4 & -6 \\ -12 & -6 & 18 \end{bmatrix} \begin{bmatrix} T_1 \\ T_2 \\ T_5 \end{bmatrix} - \frac{3}{2} \begin{bmatrix} 1 \\ 1 \\ 1 \end{bmatrix} + \frac{1}{4} \begin{bmatrix} 2 & 1 & 1 \\ 1 & 2 & 1 \\ 1 & 1 & 2 \end{bmatrix} \begin{bmatrix} \dot{T}_1 \\ \dot{T}_2 \\ \dot{T}_5 \end{bmatrix} = \begin{bmatrix} 0 \\ 0 \\ 0 \end{bmatrix}$$

$$(1.105)$$

Für das dritte Dreieck - mit den Eckpunkten P_3, P_4 und P_5 - ist

$$d_3 = 4 \ , \ e_{11,3} = 2 \ , \ e_{12,3} = -2 \ , \ e_{22,3} = 4$$

und somit

$$\frac{1}{2} \begin{bmatrix} 2 & 0 & -2 \\ 0 & 2 & -2 \\ -2 & -2 & 4 \end{bmatrix} \begin{bmatrix} T_3 \\ T_4 \\ T_5 \end{bmatrix} - 2 \begin{bmatrix} 1 \\ 1 \\ 1 \end{bmatrix} + \frac{1}{3} \begin{bmatrix} 2 & 1 & 1 \\ 1 & 2 & 1 \\ 1 & 1 & 2 \end{bmatrix} \begin{bmatrix} \dot{T}_3 \\ \dot{T}_4 \\ \dot{T}_5 \end{bmatrix} = \begin{bmatrix} 0 \\ 0 \\ 0 \end{bmatrix}$$

$$(1.106)$$

Die Daten für das vierte Dreieck (mit den Eckpunkten P_2 , P_3 und P_5) liefern mit

$$d_4 = 4 \ , \ e_{11,4} = 5/2 \ , \ e_{12,4} = -7/2 \ , \ e_{22,4} = 13/2$$

das Gleichungssystem

$$\frac{1}{4}\begin{bmatrix} 4 & 2 & -6 \\ 2 & 5 & -7 \\ -6 & -7 & 13 \end{bmatrix}\begin{bmatrix} T_2 \\ T_3 \\ T_5 \end{bmatrix} - 2\begin{bmatrix} 1 \\ 1 \\ 1 \end{bmatrix} + \frac{1}{3}\begin{bmatrix} 2 & 1 & 1 \\ 1 & 2 & 1 \\ 1 & 1 & 2 \end{bmatrix}\begin{bmatrix} \dot{T}_2 \\ \dot{T}_3 \\ \dot{T}_5 \end{bmatrix} = \begin{bmatrix} 0 \\ 0 \\ 0 \end{bmatrix}$$

$$(1.107)$$

Für das Randstück $R_{2,1}$, d.h. zwischen den Punkten P_1 und P_2 , erhalten wir nach (1.98) mit $d_{1,2} = 3$

$$-\frac{1}{4}\begin{bmatrix} 2 & 1 \\ 1 & 2 \end{bmatrix}\begin{bmatrix} T_1 \\ T_2 \end{bmatrix} = \begin{bmatrix} 0 \\ 0 \end{bmatrix} \qquad\qquad (1.108)$$

Die nach (1.100) geforderte Isolation zwischen den Punkten P_1 und P_4 und zwischen P_2 und P_3 (Randstück $R_{2,2}$) führt wegen $a_4 = a_5 = 0$ auf die triviale Gleichung $0 = 0$, so daß wir le-diglich die fünf Gleichungen (1.104) bis (1.108) zusammenfassen müssen. In den letzten vier Gleichungen sind die Komponenten der Temperaturvektoren nach wachsendem Index angeordnet. Dies kann auch in (1.104) erreicht werden, wenn wir dort die zweite Spalte der Matrizen mit der dritten vertauschen. Es folgt:

$$\frac{1}{2}\begin{bmatrix} 4 & -2 & -2 \\ -2 & 0 & 2 \\ -2 & 2 & 0 \end{bmatrix}\begin{bmatrix} T_1 \\ T_4 \\ T_5 \end{bmatrix} - \begin{bmatrix} 1 \\ 1 \\ 1 \end{bmatrix} + \frac{1}{6}\begin{bmatrix} 2 & 1 & 1 \\ 1 & 1 & 2 \\ 1 & 2 & 1 \end{bmatrix}\begin{bmatrix} \dot{T}_1 \\ \dot{T}_4 \\ \dot{T}_5 \end{bmatrix} = \begin{bmatrix} 0 \\ 0 \\ 0 \end{bmatrix} .$$

Damit das Gleichungssystem wieder symmetrisch wird, vertauschen wir jetzt noch die zweite und dritte Zeile in obigen Matrizen (und im Vektor $(1,1,1)^t$).

$$\frac{1}{2}\begin{bmatrix} 4 & -2 & -2 \\ -2 & 2 & 0 \\ -2 & 0 & 2 \end{bmatrix}\begin{bmatrix} T_1 \\ T_4 \\ T_5 \end{bmatrix} - \begin{bmatrix} 1 \\ 1 \\ 1 \end{bmatrix} + \frac{1}{6}\begin{bmatrix} 2 & 1 & 1 \\ 1 & 2 & 1 \\ 1 & 1 & 2 \end{bmatrix}\begin{bmatrix} \dot{T}_1 \\ \dot{T}_4 \\ \dot{T}_5 \end{bmatrix} = \begin{bmatrix} 0 \\ 0 \\ 0 \end{bmatrix}$$

$$(1.109)$$

Da in (1.109) die Komponenten T_2 und T_3 nicht auftreten, wird
das Gleichungssystem um die beiden trivialen Gleichungen

$$0 \cdot T_2 + 0 \cdot \dot{T}_2 = 0 \quad , \quad 0 \cdot T_3 + 0 \cdot \dot{T}_3 = 0$$

erweitert:

$$\frac{1}{12}\begin{bmatrix} 24 & 0 & 0 & -12 & -12 \\ 0 & 0 & 0 & 0 & 0 \\ 0 & 0 & 0 & 0 & 0 \\ -12 & 0 & 0 & 12 & 0 \\ -12 & 0 & 0 & 0 & 12 \end{bmatrix}\begin{bmatrix} T_1 \\ T_2 \\ T_3 \\ T_4 \\ T_5 \end{bmatrix} - \frac{1}{2}\begin{bmatrix} 2 \\ 0 \\ 0 \\ 2 \\ 2 \end{bmatrix} + \frac{1}{12}\begin{bmatrix} 4 & 0 & 0 & 2 & 2 \\ 0 & 0 & 0 & 0 & 0 \\ 0 & 0 & 0 & 0 & 0 \\ 2 & 0 & 0 & 4 & 2 \\ 2 & 0 & 0 & 2 & 4 \end{bmatrix}\begin{bmatrix} \dot{T}_1 \\ \dot{T}_2 \\ \dot{T}_3 \\ \dot{T}_4 \\ \dot{T}_5 \end{bmatrix} = \begin{bmatrix} 0 \\ 0 \\ 0 \\ 0 \\ 0 \end{bmatrix}$$

$$(1.110)$$

Analog wird in (1.105) bis (1.108) verfahren:

$$\frac{1}{12}\begin{bmatrix} 20 & 4 & 0 & 0 & -24 \\ 4 & 8 & 0 & 0 & -12 \\ 0 & 0 & 0 & 0 & 0 \\ 0 & 0 & 0 & 0 & 0 \\ -24 & -12 & 0 & 0 & 36 \end{bmatrix}\begin{bmatrix} T_1 \\ T_2 \\ T_3 \\ T_4 \\ T_5 \end{bmatrix} - \frac{1}{2}\begin{bmatrix} 3 \\ 3 \\ 0 \\ 0 \\ 3 \end{bmatrix} + \frac{1}{12}\begin{bmatrix} 6 & 3 & 0 & 0 & 3 \\ 3 & 6 & 0 & 0 & 3 \\ 0 & 0 & 0 & 0 & 0 \\ 0 & 0 & 0 & 0 & 0 \\ 3 & 3 & 0 & 0 & 6 \end{bmatrix}\begin{bmatrix} \dot{T}_1 \\ \dot{T}_2 \\ \dot{T}_3 \\ \dot{T}_4 \\ \dot{T}_5 \end{bmatrix} = \begin{bmatrix} 0 \\ 0 \\ 0 \\ 0 \\ 0 \end{bmatrix}$$

$$(1.111)$$

$$\frac{1}{12}\begin{bmatrix} 0 & 0 & 0 & 0 & 0 \\ 0 & 0 & 0 & 0 & 0 \\ 0 & 0 & 12 & 0 & -12 \\ 0 & 0 & 0 & 12 & -12 \\ 0 & 0 & -12 & -12 & 24 \end{bmatrix}\begin{bmatrix} T_1 \\ T_2 \\ T_3 \\ T_4 \\ T_5 \end{bmatrix} - \frac{1}{2}\begin{bmatrix} 0 \\ 0 \\ 4 \\ 4 \\ 4 \end{bmatrix} + \frac{1}{12}\begin{bmatrix} 0 & 0 & 0 & 0 & 0 \\ 0 & 0 & 0 & 0 & 0 \\ 0 & 0 & 8 & 4 & 4 \\ 0 & 0 & 4 & 8 & 4 \\ 0 & 0 & 4 & 4 & 8 \end{bmatrix}\begin{bmatrix} \dot{T}_1 \\ \dot{T}_2 \\ \dot{T}_3 \\ \dot{T}_4 \\ \dot{T}_5 \end{bmatrix} = \begin{bmatrix} 0 \\ 0 \\ 0 \\ 0 \\ 0 \end{bmatrix}$$

$$(1.112)$$

$$\frac{1}{12}\begin{bmatrix} 0 & 0 & 0 & 0 & 0 \\ 0 & 12 & 6 & 0 & -18 \\ 0 & 6 & 15 & 0 & -21 \\ 0 & 0 & 0 & 0 & 0 \\ 0 & -18 & -21 & 0 & 39 \end{bmatrix}\begin{bmatrix} T_1 \\ T_2 \\ T_3 \\ T_4 \\ T_5 \end{bmatrix} - \frac{1}{2}\begin{bmatrix} 0 \\ 4 \\ 4 \\ 0 \\ 4 \end{bmatrix} + \frac{1}{12}\begin{bmatrix} 0 & 0 & 0 & 0 & 0 \\ 0 & 8 & 4 & 0 & 4 \\ 0 & 4 & 8 & 0 & 4 \\ 0 & 0 & 0 & 0 & 0 \\ 0 & 4 & 4 & 0 & 8 \end{bmatrix}\begin{bmatrix} \dot{T}_1 \\ \dot{T}_2 \\ \dot{T}_3 \\ \dot{T}_4 \\ \dot{T}_5 \end{bmatrix} = \begin{bmatrix} 0 \\ 0 \\ 0 \\ 0 \\ 0 \end{bmatrix}$$

$$(1.113)$$

$$\frac{1}{12}\begin{bmatrix} -6 & -3 & 0 & 0 & 0 \\ -3 & -6 & 0 & 0 & 0 \\ 0 & 0 & 0 & 0 & 0 \\ 0 & 0 & 0 & 0 & 0 \\ 0 & 0 & 0 & 0 & 0 \end{bmatrix}\begin{bmatrix} T_1 \\ T_2 \\ T_3 \\ T_4 \\ T_5 \end{bmatrix} = \begin{bmatrix} 0 \\ 0 \\ 0 \\ 0 \\ 0 \end{bmatrix} \tag{1.114}$$

Die Zusammenfassung der Gleichungen (1.110) bis (1.114) ergibt

$$\begin{bmatrix} 38 & 1 & 0 & -12 & -36 \\ 1 & 14 & 6 & 0 & -30 \\ 0 & 6 & 27 & 0 & -33 \\ -12 & 0 & 0 & 24 & -12 \\ -36 & -30 & -33 & -12 & 111 \end{bmatrix} T - 6\begin{bmatrix} 5 \\ 7 \\ 8 \\ 6 \\ 13 \end{bmatrix} + \begin{bmatrix} 10 & 3 & 0 & 2 & 5 \\ 3 & 14 & 4 & 0 & 7 \\ 0 & 4 & 16 & 4 & 8 \\ 2 & 0 & 4 & 12 & 6 \\ 5 & 7 & 8 & 6 & 26 \end{bmatrix} \dot{T} = \begin{bmatrix} 0 \\ 0 \\ 0 \\ 0 \\ 0 \end{bmatrix} \tag{1.115}$$

In dieses Gleichungssystem muß jetzt noch die Dirichletbedingung (1.100) eingebracht werden. Sie schreibt die Temperatur in den beiden Punkten P_3 und P_4 (Randstück R_1) vor. Wir gehen analog zum eindimensionalen Fall vor und ersetzen die dritte Gleichung in (1.115) durch die triviale Beziehung $\dot{T}_3 = \dot{T}_3 = 0$ (da $T_3 = 20 =$ konstant). Außerdem werden alle Terme, die T_3 enthalten, dem Vektor in (1.115) zugeschlagen:

$$\begin{bmatrix} 38 & 1 & 0 & -12 & -36 \\ 1 & 14 & 0 & 0 & -30 \\ 0 & 0 & 0 & 0 & 0 \\ -12 & 0 & 0 & 24 & -12 \\ -36 & -30 & 0 & -12 & 111 \end{bmatrix} T - \begin{bmatrix} 30 \\ -78 \\ 0 \\ 36 \\ 738 \end{bmatrix} + \begin{bmatrix} 10 & 3 & 0 & 2 & 5 \\ 3 & 14 & 0 & 0 & 7 \\ 0 & 0 & 1 & 0 & 0 \\ 2 & 0 & 0 & 12 & 6 \\ 5 & 7 & 0 & 6 & 26 \end{bmatrix} \dot{T} = \begin{bmatrix} 0 \\ 0 \\ 0 \\ 0 \\ 0 \end{bmatrix}$$

Entsprechend wird mit T_4 verfahren:

$$\begin{bmatrix} 38 & 1 & 0 & 0 & -36 \\ 1 & 14 & 0 & 0 & -30 \\ 0 & 0 & 0 & 0 & 0 \\ 0 & 0 & 0 & 0 & 0 \\ -36 & -30 & 0 & 0 & 111 \end{bmatrix} T - \begin{bmatrix} 270 \\ -78 \\ 0 \\ 0 \\ 978 \end{bmatrix} + \begin{bmatrix} 10 & 3 & 0 & 0 & 5 \\ 3 & 14 & 0 & 0 & 7 \\ 0 & 0 & 1 & 0 & 0 \\ 0 & 0 & 0 & 1 & 0 \\ 5 & 7 & 0 & 0 & 26 \end{bmatrix} \dot{T} = \begin{bmatrix} 0 \\ 0 \\ 0 \\ 0 \\ 0 \end{bmatrix} \tag{1.116}$$

Wir lösen dieses Differentialgleichungssystem mit der Formel
(1.43). Dabei entspricht B der Matrix vor dem Vektor $\dot{T}$, E ist
die Matrix vor T, C ist in diesem Beispiel Null und S ist der
Vektor in (1.116). Als Zeitschrittweite wählen wir $\Delta t = 2$ sec.
Die Sehnentrapezregel (1.43) führt auf das lineare Gleichungssystem

$$\begin{bmatrix} 48 & 4 & 0 & 0 & -31 \\ 4 & 28 & 0 & 0 & -23 \\ 0 & 0 & 1 & 0 & 0 \\ 0 & 0 & 0 & 1 & 0 \\ -31 & -23 & 0 & 0 & 137 \end{bmatrix} \begin{bmatrix} T_1(2) \\ T_2(2) \\ T_3(2) \\ T_4(2) \\ T_5(2) \end{bmatrix} = \begin{bmatrix} -28 & 2 & 0 & 0 & 41 \\ 2 & 0 & 0 & 0 & 37 \\ 0 & 0 & 1 & 0 & 0 \\ 0 & 0 & 0 & 1 & 0 \\ 41 & 37 & 0 & 0 & -85 \end{bmatrix} \begin{bmatrix} 20 \\ 20 \\ 20 \\ 20 \\ 20 \end{bmatrix} + \begin{bmatrix} 540 \\ -156 \\ 0 \\ 0 \\ 1956 \end{bmatrix}$$

$$= (840,624,20,20,1816)^t \; .$$

Die Lösung lautet:

$$T_1(2) = 31.70 \; , \; T_2(2) = 40.06 \; , \; T_3(2) = 20.00$$

$$T_4(2) = 20.00 \; , \; T_5(2) = 27.15 \tag{1.117}$$

Da die obigen Matrizen nicht von der Zeit abhängen, erhalten
wir für den nächsten Zeitschritt (t=4) sofort

$$\begin{bmatrix} 48 & 4 & 0 & 0 & -31 \\ 4 & 28 & 0 & 0 & -23 \\ 0 & 0 & 1 & 0 & 0 \\ 0 & 0 & 0 & 1 & 0 \\ -31 & -23 & 0 & 0 & 137 \end{bmatrix} \begin{bmatrix} T_1(4) \\ T_2(4) \\ T_3(4) \\ T_4(4) \\ T_5(4) \end{bmatrix} = \begin{bmatrix} -28 & 2 & 0 & 0 & 41 \\ 2 & 0 & 0 & 0 & 37 \\ 0 & 0 & 1 & 0 & 0 \\ 0 & 0 & 0 & 1 & 0 \\ 41 & 37 & 0 & 0 & -85 \end{bmatrix} \begin{bmatrix} 31.70 \\ 40.06 \\ 20.00 \\ 20.00 \\ 27.15 \end{bmatrix} + \begin{bmatrix} 540 \\ -156 \\ 0 \\ 0 \\ 1956 \end{bmatrix}$$

$$= (845.67,911.95,20.,20.,2430.17)^t$$

mit der Lösung

$$T_1(4) = 35.71 \; , \; T_2(4) = 56.47 \; , \; T_3(4) = 20.00$$

$$T_4(4) = 20.00 \; , \; T_5(4) = 35.30 \tag{1.118}$$

Die Ergebnisse (1.117) und (1.118) sind in Bild 1-8 dargestellt.

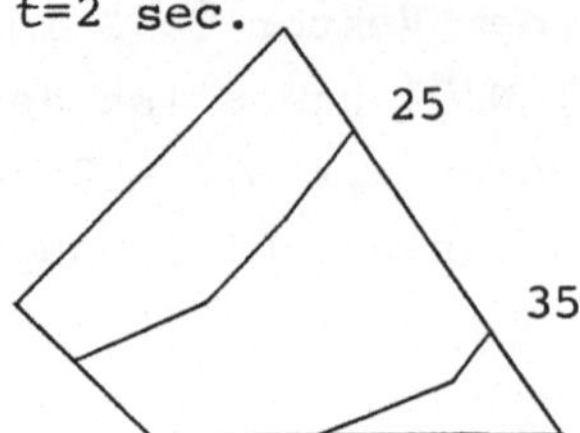

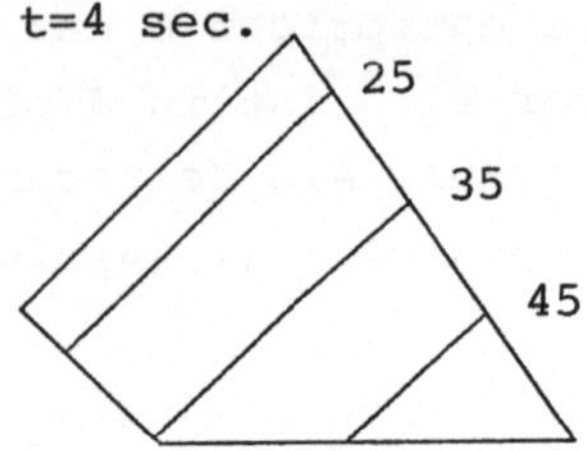

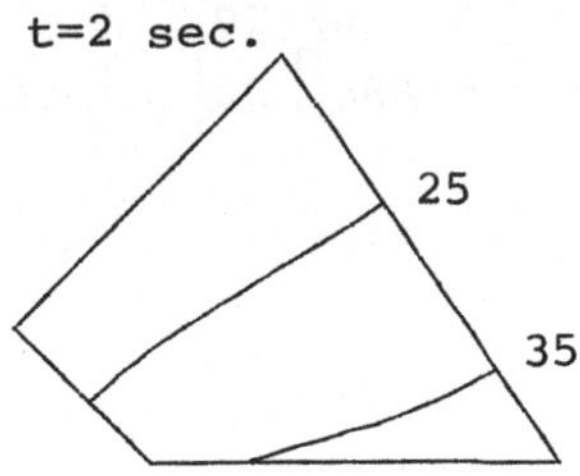

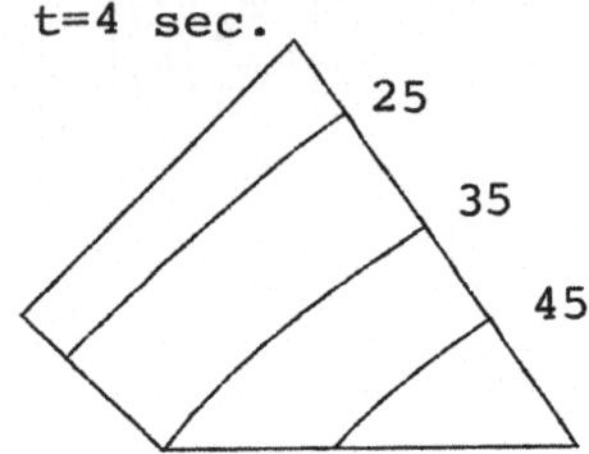

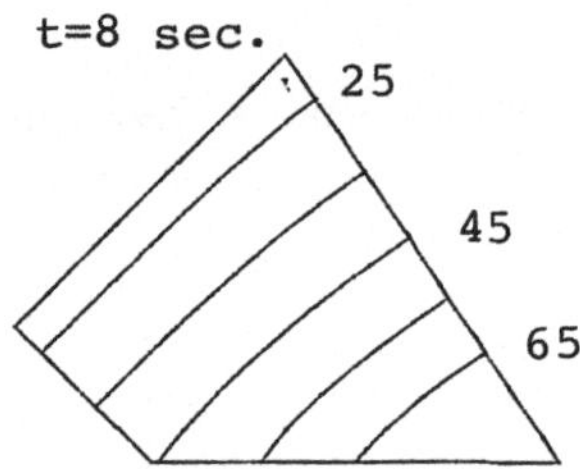

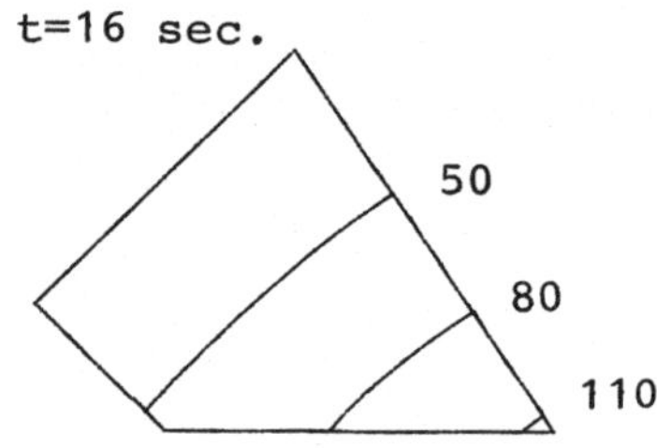

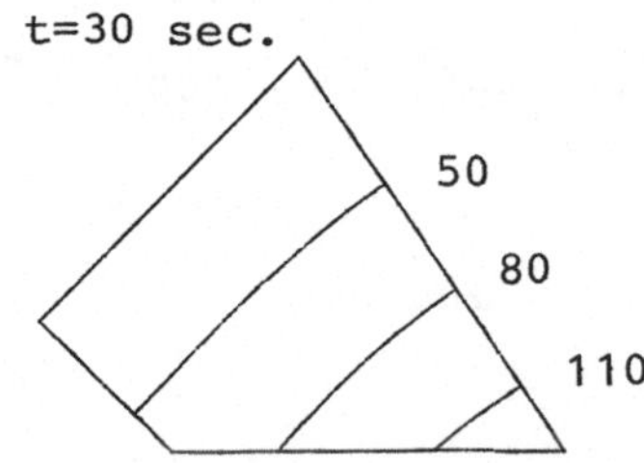

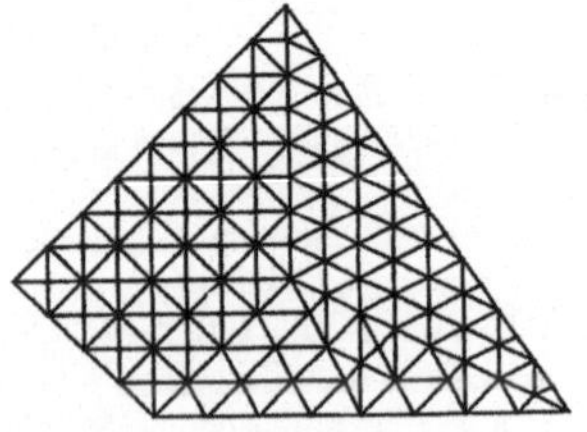

Bild 1-8 : Die beiden oberen Bilder zeigen die Lösungen (1.117) und (1.118). Darunter sind Isothermen zu verschiedenen Zeitpunkten dargestellt, die mit der Zerlegung unten rechts berechnet wurden.

1.1.8 Das zweidimensionale Randwertproblem

Sind die Größen in (1.69), (1.71) und (1.72) zeitunabhängig,
so erhalten wir analog zum eindimensionalen Fall

$$\frac{\partial}{\partial x}(a_1 \frac{\partial f}{\partial x}) + \frac{\partial}{\partial y}(a_2 \frac{\partial f}{\partial y}) + gf + h = 0 \quad , \quad (x,y) \in P \qquad (1.119)$$

mit den Randbedingungen

$$f(x,y) = f_R(x,y) \qquad , \quad (x,y) \in R_1 \qquad (1.120)$$

und

$$a_1 \frac{\partial f}{\partial x} n_x + a_2 \frac{\partial f}{\partial y} n_y + a_4 f = a_5 \quad , \quad (x,y) \in R_2 \qquad (1.121)$$

Da das Randwertproblem als Sonderfall des entsprechenden Rand-
Anfangswertproblems (Abschnitt 1.1.6) angesehen werden kann,
beschränken wir uns auf die Angabe des Endresultats. Für das
Dreieck D_m mit den Eckpunkten P_i , P_j und P_k lautet das
Gleichungssystem

$$\frac{1}{2}
\begin{bmatrix}
e_{11,m}+2e_{12,m}+e_{22,m} & -e_{11,m}-e_{12,m} & -e_{12,m}-e_{22,m} \\
-e_{11,m}-e_{12,m} & e_{11,m} & e_{12,m} \\
-e_{12,m}-e_{22,m} & e_{12,m} & e_{22,m}
\end{bmatrix}
\begin{bmatrix} f_i \\ f_j \\ f_k \end{bmatrix}$$

$$- \frac{1}{24}g_m d_m
\begin{bmatrix}
2 & 1 & 1 \\
1 & 2 & 1 \\
1 & 1 & 2
\end{bmatrix}
\begin{bmatrix} f_i \\ f_j \\ f_k \end{bmatrix}
- \frac{1}{6}h_m d_m
\begin{bmatrix} 1 \\ 1 \\ 1 \end{bmatrix}
=
\begin{bmatrix} 0 \\ 0 \\ 0 \end{bmatrix}
\qquad (1.122)$$

Die in dieser Gleichung vorkommenden Größen werden wie in Abschnitt 1.1.6 bestimmt.
Für den Fall, daß eine Dreiecksseite (mit den Eckpunkten P_p
und P_q) zu einem Randteil gehört, in dem eine Cauchybedingung
herrscht (vgl. Bild 1-6), erhalten wir zusätzlich noch das
Gleichungssystem (1.98).

1.1.9 Beispiel

Wir betrachten noch einmal die Platte P aus Beispiel 1.1.7.
Gesucht ist jetzt die stationäre Temperaturverteilung in P,
d.h. die Verteilung, die sich nach unendlich langer Zeitdauer
einstellt.
Beschrieben wird dieser Zustand durch die Differentialgleichung

$$\lambda\left(\frac{\partial^2 T}{\partial x^2} + \frac{\partial^2 T}{\partial y^2}\right) + \dot{q} = 0 \qquad , \ (x,y) \in P \qquad (1.123)$$

mit den Randbedingungen

$$T(x,y) = 20 \qquad , \ (x,y) \in R_1$$

$$\lambda\frac{\partial T}{\partial n} - \frac{1}{2}T = 0 \qquad , \ (x,y) \in R_{2,1}$$

$$\lambda\frac{\partial T}{\partial n} = 0 \qquad , \ (x,y) \in R_{2,2} \qquad (1.124)$$

Wir wählen die gleiche Elementaufteilung wie in 1.1.7 (siehe
Bild 1-7) und erhalten daher sofort (vgl. (1.115))

$$\begin{bmatrix} 38 & 1 & 0 & -12 & -36 \\ 1 & 14 & 6 & 0 & -30 \\ 0 & 6 & 27 & 0 & -33 \\ -12 & 0 & 0 & 24 & -12 \\ -36 & -30 & -33 & -12 & 111 \end{bmatrix} T = \begin{bmatrix} 30 \\ 42 \\ 48 \\ 36 \\ 78 \end{bmatrix} \qquad (1.125)$$

Die Berücksichtigung der Dirichletbedingung $T_3=20$ liefert

$$\begin{bmatrix} 38 & 1 & 0 & -12 & -36 \\ 1 & 14 & 0 & 0 & -30 \\ 0 & 0 & 1 & 0 & 0 \\ -12 & 0 & 0 & 24 & -12 \\ -36 & -30 & 0 & -12 & 111 \end{bmatrix} T = \begin{bmatrix} 30 \\ -78 \\ 20 \\ 36 \\ 738 \end{bmatrix} \quad .$$

Nach entsprechender Umstellung für die zweite Dirichletbedingung

$(T_4=20)$ erhalten wir das lineare Gleichungssystem

$$
\begin{bmatrix} 38 & 1 & 0 & 0 & -36 \\ 1 & 14 & 0 & 0 & -30 \\ 0 & 0 & 1 & 0 & 0 \\ 0 & 0 & 0 & 1 & 0 \\ -36 & -30 & 0 & 0 & 111 \end{bmatrix} T = \begin{bmatrix} 270 \\ -78 \\ 20 \\ 20 \\ 978 \end{bmatrix}
\qquad (1.126)
$$

Die Lösung von (1.126) lautet

$$T_1 = 64.47 \ , \ T_2 = 127.15 \ , \ T_3 = 20.00 \ , \ T_4 = 20.00 \ , \ T_5 = 64.08$$

und ist in Bild 1-9 dargestellt.

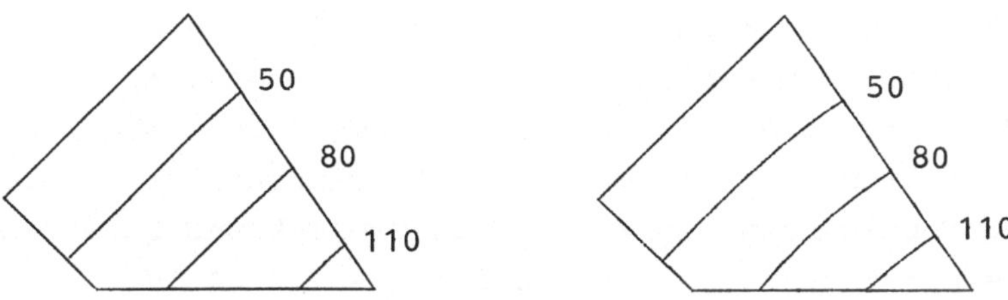

Bild 1-9 : Lösung des stationären Wärmeleitungsproblems (1.123)
mit den Randbedingungen (1.124). Eingezeichnet sind
jeweils die Isothermen für 50, 80 und 110 $^{\circ}$C. Gerechnet wurde mit dem groben Netz aus Bild 1-7 (links)
und mit dem Netz aus Bild 1-8 (rechts).

Die Elementeinteilung (Netzgenerierung), wie sie z.B. in
Bild 1-8 erfolgte, und die Lösung des Gleichungssystems ist
praktisch nur noch mit Hilfe eines Computers durchführbar. Für
die beiden Beispiele 1.1.7 und 1.1.9 (mit dem feinen Netz) habe
ich auf das Programmpaket CASTS zurückgegriffen, das speziell
für Wärmeleitungsprobleme entwickelt wurde. Auf die automatische Netzgenerierung werden wir im 3. Kapitel zurückkommen.

1.1.10 Andere Elementformen

Bisher haben wir im zweidimensionalen Fall nur Dreiecke für die
Gebietsaufteilung benutzt. Jedes Dreieck wurde mit einer linearen
Abbildung auf ein Standarddreieck D_o transformiert. Die Integration konnte dadurch für alle Dreiecke in einheitlicher Weise
durchgeführt werden. Lassen wir für die Zerlegung auch allgemeine Vierecke zu, so ist es nicht mehr möglich, mit linearen Ab-
bildungen zu operieren. Um ein allgemeines Viereck auf ein Ein-
heitsquadrat Q_o zu transformieren, wird eine nichtlineare Abbildungsvorschrift benötigt. Dies hat zur Folge, daß die zugehörige Jakobi-Determinante von den Ortskoordinaten x und y abhängt. Die Berechnung der Integrale ist damit nicht mehr analy-
tisch durchführbar; in diesem Fall müssen Quadraturformeln benutzt werden.
Schränkt man allerdings die Wahl der Vierecke auf Parallelogramme (mit den Sonderfällen Rechteck und Quadrat) ein, so ist
die entsprechende Jakobi-Determinante konstant und somit die
Berechnung der Integrale auf analytischem Weg wieder möglich.
Da ein Parallelogramm durch drei Eckpunkte eindeutig festgelegt
ist, sind die Abbildungsvorschriften von Dreieck und Parallelogramm identisch (siehe (1.75) bzw. Bilder 1-5 und 1-10).

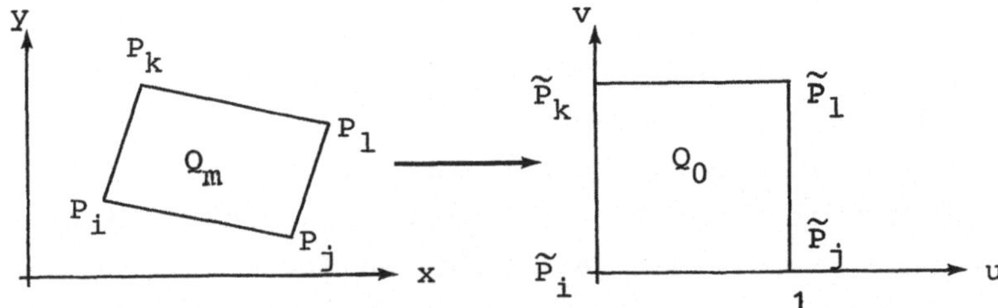

Bild 1-10 : Das Parallelogramm Q_m mit den im Gegenuhrzeigersinn
angegebenen Eckpunkten P_i , P_j , P_l und P_k wird mit
Hilfe einer linearen Abbildung auf ein Einheitsqua-
drat Q_o abgebildet

Als lineare Ansatzfunktion benutzen wir

$$f(u,v,t) = c_{1,m} + c_{2,m}u + c_{3,m}v + c_{4,m}uv$$

$$0 \le u \le 1 \;,\; 0 \le v \le 1 \qquad (1.127)$$

Diese Funktion ist auf jeder Seite des Parallelogramms Q_m linear. Die Berechnung der Integrale über Q_m verläuft völlig analog zu Abschnitt 1.1.6 und ergibt

$$\frac{1}{6}\begin{bmatrix} 2e_{11}+3e_{12}+2e_{22} & -2e_{11}+e_{22} & e_{11}-2e_{22} & -e_{11}-3e_{12}-e_{22} \\ -2e_{11}+e_{22} & 2e_{11}-3e_{12}+2e_{22} & -e_{11}+3e_{12}-e_{22} & e_{11}-2e_{22} \\ e_{11}-2e_{22} & -e_{11}+3e_{12}-e_{22} & 2e_{11}-3e_{12}+2e_{22} & -2e_{11}+e_{22} \\ -e_{11}-3e_{12}-e_{22} & e_{11}-2e_{22} & -2e_{11}+e_{22} & 2e_{11}+3e_{12}+2e_{22} \end{bmatrix} \begin{bmatrix} f_i \\ f_j \\ f_k \\ f_l \end{bmatrix}$$

$$- \frac{1}{36}g_m d_m \begin{bmatrix} 4 & 2 & 2 & 1 \\ 2 & 4 & 1 & 2 \\ 2 & 1 & 4 & 2 \\ 1 & 2 & 2 & 4 \end{bmatrix} \begin{bmatrix} f_i \\ f_j \\ f_k \\ f_l \end{bmatrix} - \frac{1}{4}h_m d_m \begin{bmatrix} 1 \\ 1 \\ 1 \\ 1 \end{bmatrix}$$

$$+ \frac{1}{36}a_{0,m} d_m \begin{bmatrix} 4 & 2 & 2 & 1 \\ 2 & 4 & 1 & 2 \\ 2 & 1 & 4 & 2 \\ 1 & 2 & 2 & 4 \end{bmatrix} \begin{bmatrix} \dot{f}_i \\ \dot{f}_j \\ \dot{f}_k \\ \dot{f}_l \end{bmatrix} = \begin{bmatrix} 0 \\ 0 \\ 0 \\ 0 \end{bmatrix} \qquad (1.128)$$

Die in dieser Gleichung auftretenden Größen sind wie in Abschnitt 1.1.6 definiert (aus schreibtechnischen Gründen wurde hier e_{11} statt $e_{11,m}$ u.s.w. geschrieben). Die Berücksichtigung der Cauchybedingung für eine Parallelogrammseite mit den Eckpunkten P_p und P_q führt auf Gleichung (1.98).

Weiterhin besteht die Möglichkeit, das Gebiet in Dreiecke und Parallelogramme zu zerlegen.

1.1.11 Ansatzfunktionen höheren Grades

Benutzt man in einem Dreieckselement eine quadratische Ansatzfunktion, d.h.

$$f(u,v,t) = c_{1,m} + c_{2,m}u + c_{3,m}v + c_{4,m}u^2 + c_{5,m}uv$$
$$+ c_{6,m}v^2 \qquad , \quad (u,v) \in D_o \qquad\qquad (1.129)$$

so werden nicht nur die Eckpunkte des Dreiecks, sondern auch
noch die Mittelpunkte der Dreiecksseiten als Knotenpunkte benötigt (siehe Bild 1-11).
Für ein Parallelogramm kann wahlweise der 8-knotige Ansatz
(quadratischer Ansatz der Serendipity-Klasse)

$$f(u,v,t) = c_{1,m} + c_{2,m}u + c_{3,m}v + c_{4,m}u^2 + c_{5,m}uv$$
$$+ c_{6,m}v^2 + c_{7,m}u^2v + c_{8,m}uv^2 \qquad\qquad (1.130)$$

oder der 9-knotige Ansatz (quadratischer Ansatz der Lagrange-
Klasse)

$$f(u,v,t) = c_{1,m} + c_{2,m}u + c_{3,m}v + c_{4,m}u^2 + c_{5,m}uv$$
$$+ c_{6,m}v^2 + c_{7,m}u^2v + c_{8,m}uv^2 + c_{9,m}u^2v^2 \quad (1.131)$$

verwendet werden (siehe Bild 1-11). Die Berechnung der Integrale erfolgt analog zum linearen Fall. Für Ansatzfunktionen noch
höheren Grades siehe z.B. H.R. Schwarz oder Oden/Reddy.

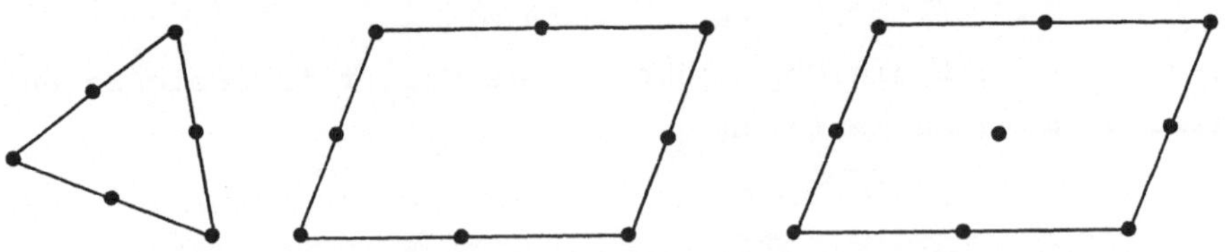

Bild 1-11 : Verteilung der Knoten in Dreieck und Parallelogramm
für quadratische Ansatzfunktionen

1.2 Der dreidimensionale Fall

Nachdem wir das Wesentliche der Finiten-Element-Methode im
ein- und zweidimensionalen Fall kennengelernt haben, werden
wir jetzt dieses Verfahren auf drei Ortskoordinaten übertragen.
Bevor wir jedoch allgemeine elliptische und parabolische Differentialgleichungen im Raum behandeln, werden wir zunächst
den wichtigen Sonderfall rotationssymmetrischer Probleme betrachten. Falls Differentialgleichung, Rand- und Anfangsbe-
dingungen rotationssymmetrisch sind, läßt sich dieses Problem
durch Einführung von Zylinderkoordinaten auf ein zweidimensionales zurückführen.

1.2.1 Rotationssymmetrische Probleme

Ohne Beschränkung der Allgemeinheit falle die Rotationsachse
des zugrundeliegenden Körpers G mit der z-Achse zusammen. Gegeben seien dann die parabolische Differentialgleichung (1.4)
mit $a_1=a_2$ (rotationssymmetrisch!), die rotationssymmetrischen
Randbedingungen (1.2) und (1.3) und die ebenfalls rotationssymmetrische Anfangsbedingung (1.5). Das zugehörige Variationsproblem lautet gemäß (1.7)

"Minimiere den von der Funktion f abhängigen Ausdruck

$$I(f) := \int_G \left[\frac{1}{2}\left(a_1(f_x^2 + f_y^2) + a_3 f_z^2 - gf^2\right) - hf + a_0 f_t f\right] dx\ dy\ dz$$

$$+ \int_R \left[\frac{1}{2}a_4 f^2 - a_5 f\right] ds \tag{1.132}$$

wobei sämtliche Funktionen f zugelassen sind, die die Bedingungen (1.2) und (1.5) erfüllen".

Wir führen in (1.132) zunächst Zylinderkoordinaten ein, d.h.

$$x = r\cos\varphi \quad,\quad y = r\sin\varphi \quad,\quad z = z \quad,\quad 0 \leq \varphi < 2\pi \tag{1.133}$$

Aus dieser Transformation erhalten wir

$$\varphi_x = -\frac{1}{r}\sin\varphi \quad , \quad r_x = \cos\varphi$$

$$\varphi_y = \frac{1}{r}\cos\varphi \quad , \quad r_y = \sin\varphi \qquad (1.134)$$

Wegen der Rotationssymmetrie ist auch die gesuchte Lösung f
rotationssymmetrisch, d.h. unabhängig vom Winkel φ ($f_\varphi = 0$).
Es ist demnach

$$f_x = f_r r_x + f_\varphi \varphi_x = f_r \cos\varphi$$

$$f_y = f_r r_y + f_\varphi \varphi_y = f_r \sin\varphi$$

$$f_z \qquad\qquad = f_z \qquad (1.135)$$

Setzen wir die Substitution (1.133) in das erste Integral von
(1.132) ein und berücksichtigen noch (1.135) und

$$d_r = \det\begin{pmatrix} x_r & x_\varphi & x_z \\ y_r & y_\varphi & y_z \\ z_r & z_\varphi & z_z \end{pmatrix} = \det\begin{pmatrix} \cos\varphi & -r\sin\varphi & 0 \\ \sin\varphi & r\cos\varphi & 0 \\ 0 & 0 & 1 \end{pmatrix} = r \qquad (1.136)$$

so erhalten wir den Ausdruck

$$I = \int_A \left\{ \int_0^{2\pi} \left[\frac{1}{2}(a_1 f_r^2 \cos^2\varphi + a_1 f_r^2 \sin^2\varphi + a_3 f_z^2 - gf^2) \right.\right.$$

$$\left.\left. - hf + a_0 f_t f \right] d_r \, d\varphi \right\} dr \, dz \quad + R(f)$$

$$= 2\pi \int_A \left[\frac{1}{2}(a_1 f_r^2 + a_3 f_z^2 - gf^2) - hf + a_0 f_t f \right] r \, dr \, dz$$

$$+ R(f) \qquad (1.137)$$

Hierin bezeichnet A diejenige Fläche, die durch Rotation um die
z-Achse (=Rotationsachse) den Körper G erzeugt. Mit R(f) haben
wir das Randintegral aus (1.132) abgekürzt.

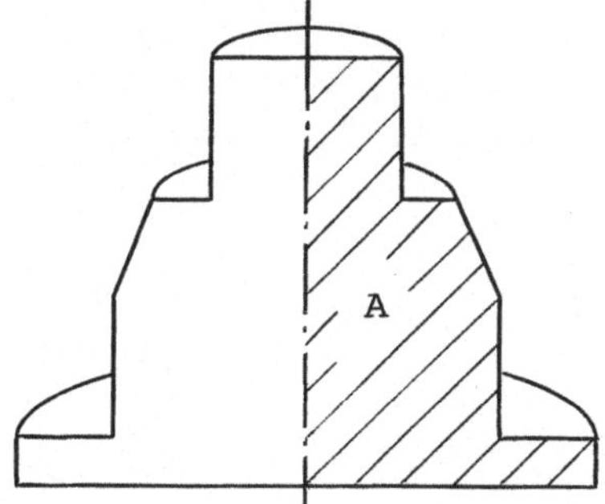

Bild 1-12 : Die Fläche A erzeugt durch Rotation um die z-Achse
den rotationssymmetrischen Körper G

Aus Gleichung (1.137) ist zu erkennen, daß wir das dreidimensionale Problem auf ein zweidimensionales zurückgeführt haben.
Wie später noch gezeigt wird, kann das Oberflächenintegral
R(f) durch eine ähnliche Substitution auf ein Linienintegral
reduziert werden.
Die weitere Behandlung von (1.137) verläuft völlig analog zu
Abschnitt 1.1.6. Wir fassen uns daher kurz.
Die Fläche A wird in insgesamt n Elemente - auch hier wählen
wir zunächst Dreiecke - zerlegt. Entsprechend dieser Aufteilung wird das (erste) Integral in (1.137) aufgeteilt. Für das
m-te Dreieck (mit den Eckpunkten P_i , P_j und P_k) lautet die
aus Abschnitt 1.1.6 bekannte Transformation auf das Standarddreieck D_0 (vgl. (1.75)):

$$r = r_i + (r_j-r_i)u + (r_k-r_i)v \quad , \quad (r,z) \in D_m$$

$$z = z_i + (z_j-z_i)u + (z_k-z_i)v \quad , \quad (u,v) \in D_0 \qquad (1.138)$$

mit den Größen

$$e_{11,m} := a_{1,m}\left[(z_k-z_i)^2 + (r_k-r_i)^2\right]/d_m$$

$$e_{12,m} := -a_{1,m}\left[(z_k-z_i)(z_j-z_i) + (r_k-r_i)(r_j-r_i)\right]/d_m$$

$$e_{22,m} := a_{1,m}\left[(z_j-z_i)^2 + (r_j-r_i)^2\right]/d_m$$

$$d_m := (r_j-r_i)(z_k-z_i) - (r_k-r_i)(z_j-z_i) \qquad (1.139)$$

Die Mittelwerte der Funktionen a_1 , a_3 , a_0 , g und h werden
wieder mit $a_{1,m}$, $a_{3,m}$, $a_{0,m}$, g_m und h_m bezeichnet.
Für das m-te Dreieck ergibt die Substitution (1.138)

$$I_m = 2\pi \Big\{ e_{11,m}/2 \int f_u^2 r \; du \; dv + e_{12,m} \int f_u f_v r \; du \; dv$$

$$+ \, e_{22,m}/2 \int f_v^2 r \; du \; dv - g_m d_m/2 \int f^2 r \; du \; dv$$

$$- \, h_m d_m \int fr \; du \; dv + a_{0,m} d_m \int f_t fr \; du \; dv \Big\} \quad ,$$

$$m=1,2,\ldots,n \qquad (1.140)$$

Die lineare Ansatzfunktion

$$f(u,v,t) = c_{1,m} + c_{2,m} u + c_{3,m} v \quad , \quad (u,v) \in D_0 \qquad (1.141)$$

und die Substitution für r (siehe (1.138)) liefern nach einigen
elementaren Rechnungen mit Hilfe von Formel (1.85)

$$I_m = 2\pi \Big\{ \tfrac{1}{4}\bar{r} \Big[e_{11,m} c_{2,m}^2 + 2e_{12,m} c_{2,m} c_{3,m} + e_{22,m} c_{3,m}^2 \Big]$$

$$- \, \tfrac{1}{120} g_m d_m \Big[30 c_{1,m}^2 \bar{r} + c_{2,m}^2 (3\bar{r}+2r_j) + c_{3,m}^2 (3\bar{r}+2r_k)$$

$$+ 5c_{1,m} c_{2,m} (3\bar{r}+r_j) + 5c_{1,m} c_{3,m} (3\bar{r}+r_k)$$

$$+ c_{2,m} c_{3,m} (6\bar{r}-r_i) \Big]$$

$$- \, \tfrac{1}{24} h_m d_m \Big[12 c_{1,m} \bar{r} + c_{2,m} (3\bar{r}+r_j) + c_{3,m} (3\bar{r}+r_k) \Big]$$

$$+ \, \tfrac{1}{120} a_{0,m} d_m \Big[\dot{c}_{1,m} \big\{ 60\bar{r} c_{1,m} + 5(3\bar{r}+r_j) c_{2,m} + 5(3\bar{r}+r_k) c_{3,m} \big\}$$

$$+ \dot{c}_{2,m} \big\{ 5(3\bar{r}+r_j) c_{1,m} + 2(3\bar{r}+2r_j) c_{2,m} + (6\bar{r}-r_i) c_{3,m} \big\}$$

$$+ \dot{c}_{3,m} \big\{ 5(3\bar{r}+r_k) c_{1,m} + (6\bar{r}-r_i) c_{2,m} + 2(3\bar{r}+2r_k) c_{3,m} \big\} \Big] \Big\}$$

wobei

$$\bar{r} := \frac{1}{3}(r_i + r_j + r_k) \qquad\qquad (1.142)$$

gesetzt wurde. Mit (1.90) erhalten wir schließlich für D_m das
Differentialgleichungssystem

$$\frac{\bar{r}}{2}\begin{bmatrix} e_{11,m}+2e_{12,m}+e_{22,m} & -e_{11,m}-e_{12,m} & -e_{12,m}-e_{22,m} \\ -e_{11,m}-e_{12,m} & e_{11,m} & e_{12,m} \\ -e_{12,m}-e_{22,m} & e_{12,m} & e_{22,m} \end{bmatrix}\begin{bmatrix} f_i \\ f_j \\ f_k \end{bmatrix}$$

$$- \frac{1}{120}g_m d_m \begin{bmatrix} 6\bar{r}+4r_i & 6\bar{r}-r_k & 6\bar{r}-r_j \\ 6\bar{r}-r_k & 6\bar{r}+4r_j & 6\bar{r}-r_i \\ 6\bar{r}-r_j & 6\bar{r}-r_i & 6\bar{r}+4r_k \end{bmatrix}\begin{bmatrix} f_i \\ f_j \\ f_k \end{bmatrix} - \frac{1}{12}h_m d_m \begin{bmatrix} 3\bar{r}+r_i \\ 3\bar{r}+r_j \\ 3\bar{r}+r_k \end{bmatrix}$$

$$+ \frac{1}{120}a_{o,m} d_m \begin{bmatrix} 6\bar{r}+4r_i & 6\bar{r}-r_k & 6\bar{r}-r_j \\ 6\bar{r}-r_k & 6\bar{r}+4r_j & 6\bar{r}-r_i \\ 6\bar{r}-r_j & 6\bar{r}-r_i & 6\bar{r}+4r_k \end{bmatrix}\begin{bmatrix} \dot{f}_i \\ \dot{f}_j \\ \dot{f}_k \end{bmatrix} = \begin{bmatrix} 0 \\ 0 \\ 0 \end{bmatrix} \qquad (1.143)$$

Der Faktor 2π ist in sämtlichen Gleichungen (auch in den entsprechenden Gleichungen für die Cauchybedingung – siehe weiter
unten) enthalten. Wir haben daher alle Gleichungen durch diesen
Faktor dividiert.

Wir leiten jetzt noch die Gleichungen für die Cauchybedingung
her. Dazu sei D_m ein Dreieck, dessen eine Seite zum Rand
(= Oberfläche) des Rotationskörpers gehört (Bild 1-13). Diese
Seite sei durch die beiden Dreieckspunkte P_p und P_q gegeben.

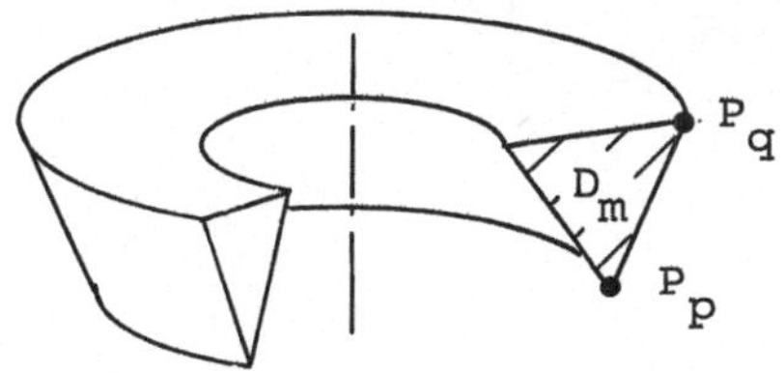

Bild 1-13 : Die Strecke $P_p P_q$ erzeugt durch Rotation um die
z-Achse einen Teil der Oberfläche des Körpers

Der entsprechende Teil des zweiten Integrals in (1.132) lautet

$$I_{p,q}(f) := \int_{M_{p,q}} \left[\frac{1}{2} a_4 f^2 - a_5 f \right] ds \qquad (1.144)$$

wobei $M_{p,q}$ die Mantelfäche des Kegelstumpfs, erzeugt durch die Strecke $P_p P_q$, bezeichnet. Nach den Gesetzen der Vektoranalysis folgt

$$I_{p,q} = \int \left[\frac{1}{2} a_4 f^2 - a_5 f \right] (r_q - r_p)^{-1} d_{p,q} \, ds_1 \, ds_2 \qquad (1.145)$$

Die Integration in (1.145) erstreckt sich über alle Wertepaare (s_1, s_2) mit

$$r_p \leq \sqrt{s_1^2 + s_2^2} \leq r_q \quad .$$

Falls $r_p < r_q$, so sind die Indizes p und q in (1.145) zu vertauschen. Mit $d_{p,q}$ wurde die Länge der Strecke $P_p P_q$ abgekürzt, d.h.

$$d_{p,q} := \sqrt{(r_p - r_q)^2 + (z_p - z_q)^2} \qquad (1.146)$$

Durch Einführung von $s_1 = r \cos\varphi$, $s_2 = r \sin\varphi$ ergibt sich

$$I_{p,q} = (r_q - r_p)^{-1} d_{p,q} \int_{r_p}^{r_q} \int_0^{2\pi} \left[\frac{1}{2} a_4 f^2 - a_5 f \right] r \, d\varphi \, dr$$

$$= 2\pi (r_q - r_p)^{-1} d_{p,q} \int_{r_p}^{r_q} \left[\frac{1}{2} a_4 f^2 - a_5 f \right] r \, dr \qquad (1.147)$$

Die Substitution

$$r = r_p + (r_q - r_p)\sigma \quad , \quad 0 \leq \sigma \leq 1 \qquad (1.148)$$

und die lineare Ansatzfunktion

$$f(\sigma, t) = f_p + (f_q - f_p)\sigma \quad , \quad 0 \leq \sigma \leq 1 \qquad (1.149)$$

werden in (1.147) eingebracht. Wir erhalten

$$I_{p,q} = 2\pi d_{p,q} \left\{ \frac{1}{24} a_{4,p,q} \left[f_p^2(3r_p+r_q) + f_q^2(r_p+3r_q) \right.\right.$$
$$\left. + 2f_p f_q(r_p+r_q) \right]$$
$$\left. - \frac{1}{6} a_{5,p,q} \left[f_p(2r_p+r_q) + f_q(r_p+2r_q) \right] \right\}$$

wobei $a_{4,p,q}$ und $a_{5,p,q}$ die Mittelwerte der Funktionen a_4 und a_5 für die Strecke P_pP_q sind. Die geforderte Minimierung von (1.132) liefert für eine Cauchybedingung, die auf der Kegelmantelfläche - erzeugt durch Rotation der Strecke $P_pP_q = M_{p,q}$ - wirkt, das Gleichungssystem

$$\frac{1}{12} a_{4,p,q} d_{p,q} \begin{bmatrix} 3r_p+r_q & r_p+r_q \\ r_p+3r_q & r_p+3r_q \end{bmatrix} \begin{bmatrix} f_p \\ f_q \end{bmatrix} - \frac{1}{6} a_{5,p,q} d_{p,q} \begin{bmatrix} 2r_p+r_q \\ r_p+2r_q \end{bmatrix} = \begin{bmatrix} 0 \\ 0 \end{bmatrix}$$

$$(1.150)$$

Auch diese Gleichung wurde durch 2π dividiert (vgl. (1.143)). Die Berücksichtigung der Dirichletbedingung erfolgt wie im zweidimensionalen Fall.

Für elliptische, rotationssymmetrische Randwertprobleme lautet das lineare Gleichungssystem für das Dreieck D_m (mit den Eckpunkten P_i , P_j und P_k)

$$\frac{\bar{r}}{2} \begin{bmatrix} e_{11,m}+2e_{12,m}+e_{22,m} & -e_{11,m}-e_{12,m} & -e_{12,m}-e_{22,m} \\ -e_{11,m}-e_{12,m} & e_{11,m} & e_{12,m} \\ -e_{12,m}-e_{22,m} & e_{12,m} & e_{22,m} \end{bmatrix} \begin{bmatrix} f_i \\ f_j \\ f_k \end{bmatrix}$$

$$- \frac{1}{120} g_m d_m \begin{bmatrix} 6\bar{r}+4r_i & 6\bar{r}-r_k & 6\bar{r}-r_j \\ 6\bar{r}-r_k & 6\bar{r}+4r_j & 6\bar{r}-r_i \\ 6\bar{r}-r_j & 6\bar{r}-r_i & 6\bar{r}+4r_k \end{bmatrix} \begin{bmatrix} f_i \\ f_j \\ f_k \end{bmatrix} - \frac{1}{12} h_m d_m \begin{bmatrix} 3\bar{r}+r_i \\ 3\bar{r}+r_j \\ 3\bar{r}+r_k \end{bmatrix} = \begin{bmatrix} 0 \\ 0 \\ 0 \end{bmatrix}$$

$$(1.151)$$

Das Gleichungssystem für die Cauchybedingung für elliptische, rotationssymmetrische Randwertprobleme ist mit (1.150) identisch.

Bezüglich anderer Elementformen oder Ansatzfunktionen höheren Grades sei auf die Abschnitte 1.1.10 und 1.1.11 verwiesen. Diese beiden Abschnitte gelten sinngemäß auch für rotationssymmetrische Probleme.

1.2.2 Allgemeine dreidimensionale Rand-Anfangswertprobleme

Wir zerlegen das dreidimensionale Gebiet G in insgesamt n Tetraeder $T_1, T_2, \ldots, T_n$. In (1.7) ergibt sich dann

$$I = I_1 + I_2 + \ldots + I_n + R \qquad\qquad (1.152)$$

mit

$$I_m := \int_{T_m} \left[\frac{1}{2}(a_1 f_x^2 + a_2 f_y^2 + a_3 f_z^2 - gf^2) - hf + a_0 f_t f \right] dx\ dy\ dz$$

$$m=1,2,\ldots,n \qquad\qquad (1.153)$$

und

$$R^* := \int_R \left[\frac{1}{2} a_4 f^2 - a_5 f \right] ds \qquad\qquad (1.154)$$

Das Tetraeder T_m habe die vier Eckpunkte $P_i = (x_i, y_i, z_i)$, $P_j = (x_j, y_j, z_j)$, $P_k = (x_k, y_k, z_k)$ und $P_1 = (x_1, y_1, z_1)$. Es wird mit Hilfe der linearen Transformation

$$x = x_i + (x_j - x_i)u + (x_k - x_i)v + (x_1 - x_i)w \qquad , \qquad (x,y,z) \in T_m$$

$$y = y_i + (y_j - y_i)u + (y_k - y_i)v + (y_1 - y_i)w \qquad , \qquad (u,v,w) \in T_0$$

$$z = z_i + (z_j - z_i)u + (z_k - z_i)v + (z_1 - z_i)w \qquad\qquad (1.155)$$

in das Einheitstetraeder T_0 mit $0 \leq u \leq 1-v-w$, $0 \leq v \leq 1-w$, $0 \leq w \leq 1$ überführt. (siehe Bild 1-14).

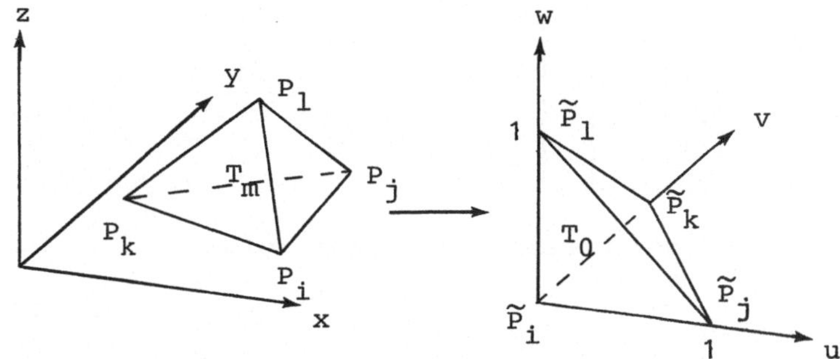

Bild 1-14 : Transformation des Tetraeders T_m auf ein Einheitstetraeder T_0. Die Numerierung der Eckpunkte ist so
gewählt, daß die Strecken P_iP_j , P_iP_k , P_iP_l ein
sogenanntes Rechtssystem bilden

Wir bestimmen zunächst die Jakobi-Determinante der Abbildung
(1.155). Es ist

$$
d_m = \det \begin{bmatrix} x_u & x_v & x_w \\ y_u & y_v & y_w \\ z_u & z_v & z_w \end{bmatrix}
$$

$$
= x_u(y_v z_w - y_w z_v) - x_v(y_u z_w - y_w z_u) + x_w(y_u z_v - y_v z_u) \quad (1.156)
$$

mit den Ableitungen

$$
x_u = x_j - x_i \quad , \quad x_v = x_k - x_i \quad , \quad x_w = x_1 - x_i \quad ,
$$

$$
y_u = y_j - y_i \quad , \quad y_v = y_k - y_i \quad , \quad y_w = y_1 - y_i \quad ,
$$

$$
z_u = z_j - z_i \quad , \quad z_v = z_k - z_i \quad , \quad z_w = z_1 - z_i \quad\quad (1.157)
$$

Werden die drei Gleichungen in (1.155) nach x abgeleitet, so
ergibt sich das lineare Gleichungssystem

$$\begin{bmatrix} x_u & x_v & x_w \\ y_u & y_v & y_w \\ z_u & z_v & z_w \end{bmatrix} \begin{bmatrix} u_x \\ v_x \\ w_x \end{bmatrix} = \begin{bmatrix} 1 \\ 0 \\ 0 \end{bmatrix}$$

woraus mit Hilfe der Cramerschen Regel sofort

$$u_x = (y_v z_w - y_w z_v)/d_m$$

$$v_x = -(y_u z_w - y_w z_u)/d_m$$

$$w_x = (y_u z_v - y_v z_u)/d_m \tag{1.158}$$

folgt. Analog ergibt die Ableitung von (1.155) nach y und z

$$u_y = -(x_v z_w - x_w z_v)/d_m$$

$$v_y = (x_u z_w - x_w z_u)/d_m$$

$$w_y = -(x_u z_v - x_v z_u)/d_m \tag{1.159}$$

und

$$u_z = (x_v y_w - x_w y_v)/d_m$$

$$v_z = -(x_u y_w - x_w y_u)/d_m$$

$$w_z = (x_u y_v - x_v y_u)/d_m \tag{1.160}$$

Setzen wir die Substitution (1.155) in (1.153) ein, so erhalten wir

$$\begin{aligned}
I_m = \int_{T_0} \Big\{ \tfrac{1}{2} \Big[&a_1 (f_u u_x + f_v v_x + f_w w_x)^2 + a_2 (f_u u_y + f_v v_y + f_w w_y)^2 \\
&+ a_3 (f_u u_z + f_v v_z + f_w w_z)^2 - g f^2 \Big] \\
&- hf + a_0 f_t f \Big\} d_m \; du \, dv \, dw
\end{aligned}$$

$$= \int_{T_0} \left\{ \frac{1}{2} \left[f_u^2(a_1 u_x^2 + a_2 u_y^2 + a_3 u_z^2) + f_v^2(a_1 v_x^2 + a_2 v_y^2 + a_3 v_z^2) \right. \right.$$

$$+ f_w^2(a_1 w_x^2 + a_2 w_y^2 + a_3 w_z^2) + 2 f_u f_v(a_1 u_x v_x + a_2 u_y v_y + a_3 u_z v_z)$$

$$+ 2 f_u f_w(a_1 u_x w_x + a_2 u_y w_y + a_3 u_z w_z)$$

$$\left. + 2 f_v f_w(a_1 v_x w_x + a_2 v_y w_y + a_3 v_z w_z) - g f^2 \right]$$

$$\left. - hf + a_0 f_t f \right\} d_m \, du \, dv \, dw \qquad (1.161)$$

Wir ersetzen - analog zu vorher - die Größen a_1, a_2, a_3, a_0, g und h durch Mittelwerte , z.B.

$$a_{0,m} := \frac{1}{4} \left[a_0(x_i, y_i, z_i, t) + a_0(x_j, y_j, z_j, t) + a_0(x_k, y_k, z_k, t) \right.$$

$$\left. + a_0(x_1, y_1, z_1, t) \right]$$

und führen noch die Abkürzungen (analog zu (1.81))

$$e_{11,m} := (a_{1,m} u_x^2 + a_{2,m} u_y^2 + a_{3,m} u_z^2) d_m$$

$$e_{12,m} := (a_{1,m} u_x v_x + a_{2,m} u_y v_y + a_{3,m} u_z v_z) d_m$$

$$e_{13,m} := (a_{1,m} u_x w_x + a_{2,m} u_y w_y + a_{3,m} u_z w_z) d_m$$

$$e_{22,m} := (a_{1,m} v_x^2 + a_{2,m} v_y^2 + a_{3,m} v_z^2) d_m$$

$$e_{23,m} := (a_{1,m} v_x w_x + a_{2,m} v_y w_y + a_{3,m} v_z w_z) d_m$$

$$e_{33,m} := (a_{1,m} w_x^2 + a_{2,m} w_y^2 + a_{3,m} w_z^2) d_m \qquad (1.162)$$

ein. Gleichung (1.161) läßt sich dann wie folgt schreiben

$$I_m = e_{11,m}/2 \int f_u^2 \, du \, dv \, dw + e_{22,m}/2 \int f_v^2 \, du \, dv \, dw$$

$$+ e_{33,m}/2 \int f_w^2 \, du \, dv \, dw + e_{12,m} \int f_u f_v \, du \, dv \, dw$$

$$+ e_{13,m} \int f_u f_w \, du \, dv \, dw + e_{23,m} \int f_v f_w \, du \, dv \, dw$$

$$- g_m d_m / 2 \int f^2 \, du \, dv \, dw - h_m d_m \int f \, du \, dv \, dw$$

$$+ a_{0,m} d_m \int f_t f \, du \, dv \, dw \qquad , \quad m = 1, 2, \ldots, n \qquad (1.163)$$

Mit der linearen Ansatzfunktion

$$f(u,v,w,t) = c_{1,m} + c_{2,m} u + c_{3,m} v + c_{4,m} w \quad ,$$

$$(u,v,w) \in T_0 \qquad (1.164)$$

folgt wegen

$$\int_{T_0} u^\alpha v^\beta w^\gamma \, du \, dv \, dw = \int_0^1 \int_0^{1-w} \int_0^{1-v-w} u^\alpha v^\beta w^\gamma \, du \, dv \, dw$$

$$= \frac{\alpha! \, \beta! \, \gamma!}{(\alpha + \beta + \gamma + 3)!} \qquad , \quad \alpha, \beta, \gamma = 0, 1, 2, \ldots \qquad (1.165)$$

für die obigen Integrale

$$I_m = \frac{1}{12} \Big\{ e_{11,m} c_{2,m}^2 + e_{22,m} c_{3,m}^2 + e_{33,m} c_{4,m}^2 + 2(e_{12,m} c_{2,m} c_{3,m}$$

$$+ e_{13,m} c_{2,m} c_{4,m} + e_{23,m} c_{3,m} c_{4,m}) \Big\}$$

$$- \frac{1}{240} g_m d_m \Big\{ 20 c_{1,m}^2 + 10 c_{1,m} c_{2,m} + 10 c_{1,m} c_{3,m} + 10 c_{1,m} c_{4,m}$$

$$+ 2 c_{2,m}^2 + 2 c_{2,m} c_{3,m} + 2 c_{2,m} c_{4,m} + 2 c_{3,m}^2 + 2 c_{3,m} c_{4,m}$$

$$+ 2 c_{4,m}^2 \Big\}$$

$$- \frac{1}{24} h_m d_m \Big\{ 4 c_{1,m} + c_{2,m} + c_{3,m} + c_{4,m} \Big\}$$

$$+ \frac{1}{120} a_{0,m} d_m \Big\{ 5 \dot{c}_{1,m} (4 c_{1,m} + c_{2,m} + c_{3,m} + c_{4,m}) + \dot{c}_{2,m} (5 c_{1,m}$$

$$+ 2 c_{2,m} + c_{3,m} + c_{4,m}) + \dot{c}_{3,m} (5 c_{1,m} + c_{2,m} + 2 c_{3,m} + c_{4,m})$$

$$+ \dot{c}_{4,m}(5c_{1,m}+c_{2,m}+c_{3,m}+2c_{4,m})\} \qquad (1.166)$$

In Matrixschreibweise lautet dieses Ergebnis

$$I_m = \frac{1}{12} c_m^t \begin{bmatrix} 0 & 0 & 0 & 0 \\ 0 & e_{11,m} & e_{12,m} & e_{13,m} \\ 0 & e_{12,m} & e_{22,m} & e_{23,m} \\ 0 & e_{13,m} & e_{23,m} & e_{33,m} \end{bmatrix} c_m$$

$$- \frac{1}{240} g_m d_m \, c_m^t \begin{bmatrix} 20 & 5 & 5 & 5 \\ 5 & 2 & 1 & 1 \\ 5 & 1 & 2 & 1 \\ 5 & 1 & 1 & 2 \end{bmatrix} c_m - \frac{1}{24} h_m d_m \, c_m^t \begin{bmatrix} 4 \\ 1 \\ 1 \\ 1 \end{bmatrix}$$

$$+ \frac{1}{120} a_{0,m} d_m \, c_m^t \begin{bmatrix} 20 & 5 & 5 & 5 \\ 5 & 2 & 1 & 1 \\ 5 & 1 & 2 & 1 \\ 5 & 1 & 1 & 2 \end{bmatrix} \dot{c}_m \qquad (1.167)$$

mit

$$c_m := (\, c_{1,m} \, , \, c_{2,m} \, , \, c_{3,m} \, , \, c_{4,m} \,)^t \ .$$

Wir bestimmen jetzt die Koeffizienten der Ansatzfunktion, d.h. die Komponenten des Vektors c_m. Dazu bezeichnen wir die Funktionswerte in den Eckpunkten des Tetraeders T_m mit f_i , f_j , f_k und f_l . Wegen (1.155) ist

$$f(0,0,0,t) =: f_i = c_{1,m}$$

$$f(1,0,0,t) =: f_j = c_{1,m}+c_{2,m}$$

$$f(0,1,0,t) =: f_k = c_{1,m}+c_{3,m}$$

$$f(0,0,1,t) =: f_l = c_{1,m}+c_{4,m} \qquad (1.168)$$

woraus sofort folgt:

$$
c_m = \begin{bmatrix} 1 & 0 & 0 & 0 \\ -1 & 1 & 0 & 0 \\ -1 & 0 & 1 & 0 \\ -1 & 0 & 0 & 1 \end{bmatrix} \begin{bmatrix} f_i \\ f_j \\ f_k \\ f_l \end{bmatrix} \quad , \quad m=1,2,\ldots,n \qquad (1.169)
$$

Wir setzen (1.169) in (1.168) ein, führen die entsprechenden Multiplikationen aus und erhalten ein Gleichungssystem, das von den Funktionswerten f_i, f_j, f_k und f_l abhängt. Das Verschwinden der ersten partiellen Ableitungen nach diesen Größen liefert dann für das Tetraeder T_m das Differentialgleichungssystem

$$
\frac{1}{6} \begin{bmatrix} e_{00} & -e_{11}-e_{12}-e_{13} & -e_{12}-e_{22}-e_{23} & -e_{13}-e_{23}-e_{33} \\ -e_{11}-e_{12}-e_{13} & e_{11} & e_{12} & e_{13} \\ -e_{12}-e_{22}-e_{23} & e_{12} & e_{22} & e_{23} \\ -e_{13}-e_{23}-e_{33} & e_{13} & e_{23} & e_{33} \end{bmatrix} \begin{bmatrix} f_i \\ f_j \\ f_k \\ f_l \end{bmatrix}
$$

$$
-\frac{1}{120} g_m d_m \begin{bmatrix} 2 & 1 & 1 & 1 \\ 1 & 2 & 1 & 1 \\ 1 & 1 & 2 & 1 \\ 1 & 1 & 1 & 2 \end{bmatrix} \begin{bmatrix} f_i \\ f_j \\ f_k \\ f_l \end{bmatrix} - \frac{1}{24} h_m d_m \begin{bmatrix} 1 \\ 1 \\ 1 \\ 1 \end{bmatrix}
$$

$$
+ \frac{1}{120} a_{0,m} d_m \begin{bmatrix} 2 & 1 & 1 & 1 \\ 1 & 2 & 1 & 1 \\ 1 & 1 & 2 & 1 \\ 1 & 1 & 1 & 2 \end{bmatrix} \begin{bmatrix} \dot{f}_i \\ \dot{f}_j \\ \dot{f}_k \\ \dot{f}_l \end{bmatrix} = \begin{bmatrix} 0 \\ 0 \\ 0 \\ 0 \end{bmatrix} \quad , \quad m=1,2,\ldots,n \quad (1.170)
$$

mit $\quad e_{00} := e_{11}+e_{22}+e_{33}+2(e_{12}+e_{13}+e_{23})$.

Aus schreibtechnischen Gründen wurde der Index m fortgelassen. Wir leiten jetzt das Gleichungssystem für das Oberflächenintegral (1.154) her. Dazu sei T_m ein Tetraeder mit einer Dreiecksfläche D_σ (Eckpunkte P_p, P_q und P_o), die zum Randteil R gehört (siehe Bild 1-15).

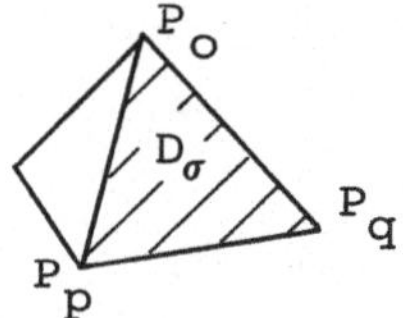

Bild 1-15 : Das Tetraeder T_m besitzt die Dreiecksseite D_σ , die zum Rand (=Oberfläche) des Gebiets gehört.

Für diesen Teil des Randes ergibt sich

$$I_\sigma := \int_{D_\sigma} \left[\frac{1}{2} a_4 f^2 - a_5 f \right] ds \tag{1.171}$$

Die Dreiecksfäche D_σ wird beschrieben durch (vg. (1.75))

$$x(s_1, s_2) = x_o + (x_p - x_o) s_1 + (x_q - x_o) s_2$$

$$y(s_1, s_2) = y_o + (y_p - y_o) s_1 + (y_q - y_o) s_2$$

$$z(s_1, s_2) = z_o + (z_p - z_o) s_1 + (z_q - z_o) s_2$$

$$0 \leq s_1 \leq 1 - s_2 \;,\; 0 \leq s_2 \leq 1 \tag{1.172}$$

Wir können somit in (1.171) schreiben

$$I_\sigma = \int_0^1 \int_0^{1-s_2} d_\sigma \left[\frac{1}{2} a_4 f^2 - a_5 f \right] ds_1 \, ds_2 \tag{1.173}$$

mit

$$d_\sigma := \sqrt{ d_x^2 + d_y^2 + d_z^2 }$$

$$d_x := (y_p - y_o)(z_q - z_o) - (y_q - y_o)(z_p - z_o)$$

$$d_y := (x_q - x_o)(z_p - z_o) - (x_p - x_o)(z_q - z_o)$$

$$d_z := (x_p - x_o)(y_q - y_o) - (x_q - x_o)(y_p - y_o) \tag{1.174}$$

Da nach Voraussetzung die Funktion f in jedem Tetraeder linear ist, besitzt f auf der Dreiecksfläche D_σ die Darstellung

$$f(s_1,s_2,t) = f_o + (f_p-f_o)s_1 + (f_q-f_o)s_2 \qquad (1.175)$$

Mit Hilfe von Formel (1.85) erhalten wir dann

$$I_\sigma = \frac{1}{24}a_{4,\sigma}d_\sigma \; (f_o^2+f_p^2+f_q^2+f_of_p+f_of_q+f_pf_q) - \frac{1}{6}a_{5,\sigma}d_\sigma \; (f_o+f_p+f_q)$$

Auch für diese Gleichung werden (wegen der geforderten Minimierung der Integrale in (1.7)) die ersten partiellen Ableitungen Null gesetzt. Es ergibt sich

$$\frac{1}{24}a_{4,\sigma}d_\sigma \begin{bmatrix} 2 & 1 & 1 \\ 1 & 2 & 1 \\ 1 & 1 & 2 \end{bmatrix} \begin{bmatrix} f_o \\ f_p \\ f_q \end{bmatrix} - \frac{1}{6}a_{5,\sigma}d_\sigma \begin{bmatrix} 1 \\ 1 \\ 1 \end{bmatrix} = \begin{bmatrix} 0 \\ 0 \\ 0 \end{bmatrix} \qquad (1.176)$$

Mit $a_{4,\sigma}$ und $a_{5,\sigma}$ werden die über D_σ gemittelten Funktionen a_4 und a_5 bezeichnet, d.h.

$$a_{4,\sigma} := (a_4(x_o,y_o,z_o,t)+a_4(x_p,y_p,z_p,t)+a_4(x_q,y_q,z_q,t))/3$$

$$a_{5,\sigma} := (a_5(x_o,y_o,z_o,t)+a_5(x_p,y_p,z_p,t)+a_5(x_q,y_q,z_q,t))/3$$

Nachdem sämtliche Gleichungen (1.170) und (1.176) zu einem Gleichungssystem zusammengesetzt wurden, können die Dirichletbedingungen analog zum zwei- bzw. eindimensionalen Fall eingebracht werden.

1.2.3 Beispiel

Wir wollen das Gleichungssystem (ohne Randbedingungen) aufstellen, das zu der gleichseitigen Pyramide (siehe Bild 1-16) und der Differentialgleichung

$$f_{xx} + f_{yy} + f_{zz} + f = f_t \qquad (1.177)$$

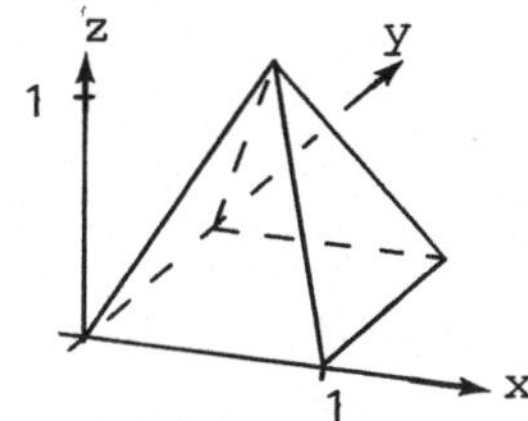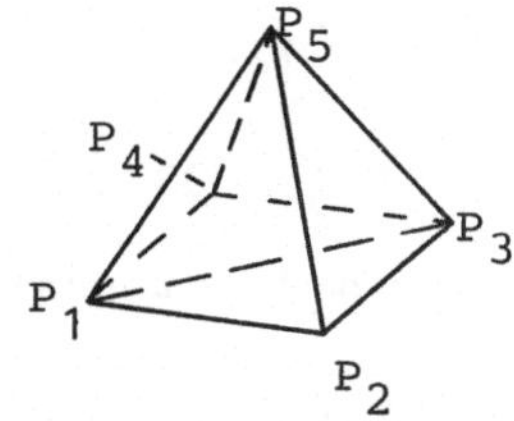

Bild 1-16 : Gleichseitige Pyramide mit quadratischer Grund-
fläche, zerlegt in zwei Tetraeder (rechts)

gehört. Dazu wird die Pyramide in die zwei Tetraeder T_1 (Eck-
punkte P_1, P_2, P_3, P_5) und T_2 (Eckpunkte P_1, P_3, P_5, P_4) zerlegt. Wie aus Bild 1-16 zu entnehmen ist, lauten die Koordi-
naten der Punkte

$$x_1 = 0 \ , \ x_2 = 1 \ , \ x_3 = 1 \ , \ x_4 = 0 \ , \ x_5 = 1/2$$

$$y_1 = 0 \ , \ y_2 = 0 \ , \ y_3 = 1 \ , \ y_4 = 1 \ , \ y_5 = 1/2$$

$$z_1 = 0 \ , \ z_2 = 0 \ , \ z_3 = 0 \ , \ z_4 = 0 \ , \ z_5 = 1$$

Für T_1 ergibt sich somit nach (1.156) und (1.157)

$$x_u = 0 \quad , \quad x_v = 1 \quad , \quad x_w = 1/2$$

$$y_u = 0 \quad , \quad y_v = 1 \quad , \quad y_w = 1/2$$

$$z_u = 0 \quad , \quad z_v = 0 \quad , \quad z_w = 1$$

$$d_1 = 1$$

und nach (1.158) bis (1.160)

$$u_x = 1 \quad , \quad v_x = 0 \quad , \quad w_x = 0$$

$$u_y = -1 \quad , \quad v_y = 1 \quad , \quad w_y = 0$$

$$u_z = 0 \quad , \quad v_z = -1/2 \quad , \quad w_z = 1$$

Wegen $a_1 = a_2 = a_3 = 1$ lautet (1.162)

$$e_{11,1} = 2 \quad , \quad e_{12,1} = -1 \quad , \quad e_{13,1} = 0 \quad , \quad e_{22,1} = 5/4$$

$$e_{23,1} = -1/2 \quad , \quad e_{33,1} = 1$$

$$e_{00,1} = 2+5/4+1 + 2(-1+0-1/2) = 5/4$$

Nach (1.170) ergibt sich für T_1 das Gleichungssystem

$$\frac{1}{24}\begin{bmatrix} 5 & -4 & 1 & -2 \\ -4 & 8 & -4 & 0 \\ 1 & -4 & 5 & -2 \\ -2 & 0 & -2 & 4 \end{bmatrix}\begin{bmatrix} f_1 \\ f_2 \\ f_3 \\ f_5 \end{bmatrix} - \frac{1}{120}\begin{bmatrix} 2 & 1 & 1 & 1 \\ 1 & 2 & 1 & 1 \\ 1 & 1 & 2 & 1 \\ 1 & 1 & 1 & 2 \end{bmatrix}\left(\begin{bmatrix} f_1 \\ f_2 \\ f_3 \\ f_5 \end{bmatrix} - \begin{bmatrix} \dot{f}_1 \\ \dot{f}_2 \\ \dot{f}_3 \\ \dot{f}_5 \end{bmatrix}\right) = \begin{bmatrix} 0 \\ 0 \\ 0 \\ 0 \end{bmatrix}$$

$$(1.178)$$

Für das zweite Tetraeder erhalten wir $d_2=-1$, woraus wir entnehmen, daß die Numerierung nicht in der Reihenfolge vorgenommen wurde, wie in der Bildunterschrift zu Bild 1-14 angegeben. Wir vertauschen daher (beispielsweise) P_4 und P_5 und bestimmen mit dieser neuen Reihenfolge nochmals die Daten für T_2 :

$$d_2 = 1$$

$$u_x = 1 \quad , \quad v_x = -1 \quad , \quad w_x = 0$$

$$u_y = 0 \quad , \quad v_y = 1 \quad , \quad w_y = 0$$

$$u_z = -1/2 \quad , \quad v_z = 0 \quad , \quad w_z = 1$$

Mit diesen Daten läßt sich das Gleichungssytem für T_2 aufstellen

$$\frac{1}{24}\begin{bmatrix} 5 & 1 & -4 & -2 \\ 1 & 5 & -4 & -2 \\ -4 & -4 & 8 & 0 \\ -2 & -2 & 0 & 4 \end{bmatrix}\begin{bmatrix} f_1 \\ f_3 \\ f_4 \\ f_5 \end{bmatrix} - \frac{1}{120}\begin{bmatrix} 2 & 1 & 1 & 1 \\ 1 & 2 & 1 & 1 \\ 1 & 1 & 2 & 1 \\ 1 & 1 & 1 & 2 \end{bmatrix}\left(\begin{bmatrix} f_1 \\ f_3 \\ f_4 \\ f_5 \end{bmatrix} - \begin{bmatrix} \dot{f}_1 \\ \dot{f}_3 \\ \dot{f}_4 \\ \dot{f}_5 \end{bmatrix}\right) = \begin{bmatrix} 0 \\ 0 \\ 0 \\ 0 \end{bmatrix}$$

$$(1.179)$$

Die Zusammenfassung der beiden Gleichungen (1.178) und (1.179)
ergibt das gewünschte Differentialgleichungssystem

$$\frac{1}{24}\begin{bmatrix} 10 & -4 & 2 & -4 & -4 \\ -4 & 8 & -4 & 0 & 0 \\ 2 & -4 & 10 & -4 & -4 \\ -4 & 0 & -4 & 8 & 0 \\ -4 & 0 & -4 & 0 & 8 \end{bmatrix}\begin{bmatrix} f_1 \\ f_2 \\ f_3 \\ f_4 \\ f_5 \end{bmatrix} - \frac{1}{120}\begin{bmatrix} 4 & 1 & 2 & 1 & 2 \\ 1 & 2 & 1 & 0 & 1 \\ 2 & 1 & 4 & 1 & 2 \\ 1 & 0 & 1 & 2 & 1 \\ 2 & 1 & 2 & 1 & 4 \end{bmatrix}\begin{bmatrix} f_1 \\ f_2 \\ f_3 \\ f_4 \\ f_5 \end{bmatrix}$$

$$+\frac{1}{120}\begin{bmatrix} 4 & 1 & 2 & 1 & 2 \\ 1 & 2 & 1 & 0 & 1 \\ 2 & 1 & 4 & 1 & 2 \\ 1 & 0 & 1 & 2 & 1 \\ 2 & 1 & 2 & 1 & 4 \end{bmatrix}\begin{bmatrix} \dot{f}_1 \\ \dot{f}_2 \\ \dot{f}_3 \\ \dot{f}_4 \\ \dot{f}_5 \end{bmatrix} = \begin{bmatrix} 0 \\ 0 \\ 0 \\ 0 \\ 0 \end{bmatrix} \qquad (1.180)$$

1.2.4 Allgemeine dreidimensionale Randwertprobleme

Auch hier begnügen wir uns damit, das fertige Gleichungssystem
für ein Element anzugeben. Das Randwertproblem kann - ähnlich
wie in den anderen Fällen - als zeitunabhängiger Sonderfall
des entsprechenden Rand-Anfangswertproblems angesehen werden.
Für das Tetraeder T_m (mit den Eckpunkten P_i, P_j, P_k und P_l)
erhalten wir das lineare Gleichungssystem

$$\frac{1}{6}\begin{bmatrix} e_{00} & -e_{11}-e_{12}-e_{13} & -e_{12}-e_{22}-e_{23} & -e_{13}-e_{23}-e_{33} \\ -e_{11}-e_{12}-e_{13} & e_{11} & e_{12} & e_{13} \\ -e_{12}-e_{22}-e_{23} & e_{12} & e_{22} & e_{23} \\ -e_{13}-e_{23}-e_{33} & e_{13} & e_{23} & e_{33} \end{bmatrix}\begin{bmatrix} f_i \\ f_j \\ f_k \\ f_l \end{bmatrix}$$

$$- \frac{1}{120}g_m d_m\begin{bmatrix} 2 & 1 & 1 & 1 \\ 1 & 2 & 1 & 1 \\ 1 & 1 & 2 & 1 \\ 1 & 1 & 1 & 2 \end{bmatrix}\begin{bmatrix} f_i \\ f_j \\ f_k \\ f_l \end{bmatrix} - \frac{1}{24}h_m d_m\begin{bmatrix} 1 \\ 1 \\ 1 \\ 1 \end{bmatrix} = \begin{bmatrix} 0 \\ 0 \\ 0 \\ 0 \end{bmatrix} \qquad (1.181)$$

mit

$$e_{00} := e_{11} + e_{22} + e_{33} + 2(e_{12} + e_{13} + e_{23})$$

Auch hier wurde aus schreibtechnischen Gründen der Index m fortgelassen.
Die Gleichung für die Cauchybedingung ist mit (1.176) identisch.

Beispiel:
Wir lösen das Randwertproblem

$$f_{xx} + f_{yy} + f_{zz} + f = 0 \qquad , \quad (x,y,z) \in G \qquad (1.182)$$

wobei G die Pyramide aus 1.2.3 ist. Wir übernehmen die dort gewählte Zerlegung, woraus sofort das Gleichungssystem (vgl. (1.180)) folgt:

$$\frac{1}{24}\begin{bmatrix} 10 & -4 & 2 & -4 & -4 \\ -4 & 8 & -4 & 0 & 0 \\ 2 & -4 & 10 & -4 & -4 \\ -4 & 0 & -4 & 8 & 0 \\ -4 & 0 & -4 & 0 & 8 \end{bmatrix}\begin{bmatrix} f_1 \\ f_2 \\ f_3 \\ f_4 \\ f_5 \end{bmatrix} - \frac{1}{120}\begin{bmatrix} 4 & 1 & 2 & 1 & 2 \\ 1 & 2 & 1 & 0 & 1 \\ 2 & 1 & 4 & 1 & 2 \\ 1 & 0 & 1 & 2 & 1 \\ 2 & 1 & 2 & 1 & 4 \end{bmatrix}\begin{bmatrix} f_1 \\ f_2 \\ f_3 \\ f_4 \\ f_5 \end{bmatrix} = \begin{bmatrix} 0 \\ 0 \\ 0 \\ 0 \\ 0 \end{bmatrix}$$

$$(1.183)$$

Als Randbedingungen seien vorgegeben

$$\frac{\partial f}{\partial n} + 2\sqrt{5}\, f = 4\sqrt{5} \qquad \text{auf dem Dreieck } P_2, P_3, P_5 \qquad (1.184)$$

$$f_1 = f_4 = 0 \qquad \text{(in den Punkten } P_1 \text{ und } P_4) \qquad (1.185)$$

Wir stellen zunächst das Gleichungssystem für (1.184), d.h. für die Cauchybedingung auf dem Dreieck D_1 (mit den Eckpunkten P_2, P_3 und P_5) auf. Nach (1.174) ist

$$d_x = 1 \quad , \quad d_y = 0 \quad , \quad d_z = 1/2 \quad , \quad d_1 = \frac{1}{2}\sqrt{5}$$

Das Gleichungssystem (1.176) lautet dann

$$\frac{5}{24} \begin{bmatrix} 2 & 1 & 1 \\ 1 & 2 & 1 \\ 1 & 1 & 2 \end{bmatrix} \begin{bmatrix} f_2 \\ f_3 \\ f_5 \end{bmatrix} - \frac{10}{6} \begin{bmatrix} 1 \\ 1 \\ 1 \end{bmatrix} = \begin{bmatrix} 0 \\ 0 \\ 0 \end{bmatrix} \qquad (1.186)$$

Wir fassen (1.183) und (1.186) zusammen und erhalten

$$\frac{1}{120} \begin{bmatrix} 46 & -21 & 8 & -21 & -22 \\ -21 & 88 & 4 & 0 & 24 \\ 8 & 4 & 96 & -21 & 3 \\ -21 & 0 & -21 & 38 & -1 \\ -22 & 24 & 3 & -1 & 86 \end{bmatrix} \begin{bmatrix} f_1 \\ f_2 \\ f_3 \\ f_4 \\ f_5 \end{bmatrix} = \frac{1}{6} \begin{bmatrix} 0 \\ 10 \\ 10 \\ 0 \\ 10 \end{bmatrix} \qquad (1.187)$$

Die Berücksichtigung der Dirichletbedingung (1.185) ergibt das
lineare Gleichungssystem

$$\begin{bmatrix} 1 & 0 & 0 & 0 & 0 \\ 0 & 88 & 4 & 0 & 24 \\ 0 & 4 & 96 & 0 & 3 \\ 0 & 0 & 0 & 1 & 0 \\ 0 & 24 & 3 & 0 & 86 \end{bmatrix} \begin{bmatrix} f_1 \\ f_2 \\ f_3 \\ f_4 \\ f_5 \end{bmatrix} = \begin{bmatrix} 0 \\ 200 \\ 200 \\ 0 \\ 200 \end{bmatrix} \qquad (1.188)$$

mit der Lösung

$$f_1 = 0.00 \quad , \quad f_2 = 1.70 \quad , \quad f_3 = 1.96 \quad , \quad f_4 = 0.00 \quad , \quad f_5 = 1.78 \ .$$

Aufgrund der Symmetrie in der Aufgabenstellung müßte $f_2 = f_3$
sein. Da jedoch die Zerlegung der Pyramide diese Symmetrie zer-
stört, ist die Lösung unsymmetrisch, d.h. $f_2 \neq f_3$.

1.2.5 Andere Elementformen

Die Verwendung von Tetraedern ist (vom mathematischen Stand-
punkt aus gesehen) recht einfach und unproblematisch, hat aber
für die praktische Anwendung den Nachteil, daß durch diese
Elementform sehr schnell die geometrische Übersichtlichkeit
verloren geht (der Leser versuche einmal, sich ein Prisma oder
einen Pyramidenstumpf - zerlegt in Tetraeder - vorzustellen).
Aus diesem Grund ist es vorteilhaft, auch andere Elemente für
die Gebietszerlegung zuzulassen.
Ähnlich wie im zweidimensionalen Fall führt hier ein Element
mit mehr als vier (frei wählbaren) Eckpunkten auf eine nicht-
lineare Transformation, so daß die auftretenden Integrale in
(1.153) numerisch gelöst werden müssen. In einigen Fällen wird
man diesen Weg einschlagen, wir gehen hier jedoch nicht weiter
darauf ein.
Das Problem der nichtlinearen Transformation kann umgangen werden, wenn das Element durch Vorgabe von vier Eckpunkten eindeutig festgelegt ist (vgl. 1.1.10), wie z.B.

   - dreiseitiges, schiefes Prisma und

   - Parallelepiped.

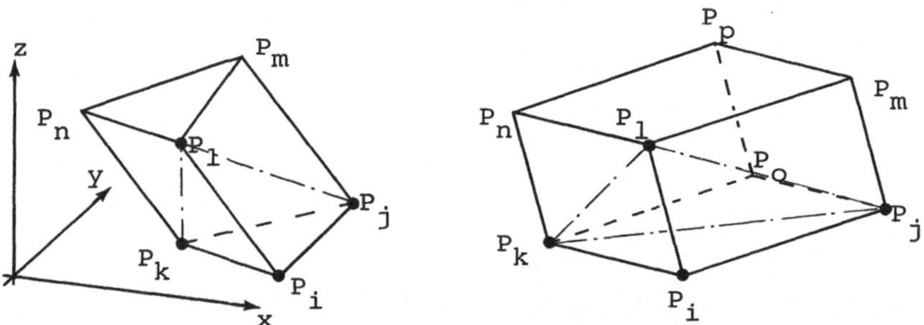

Bild 1-17 : Die beiden Dreiecke eines schiefen, dreiseitigen
Prismas liegen in parallelen Ebenen. Die anderen drei Begrenzungsflächen sind Parallelogramme. Dadurch ist der
Körper durch die vier Punkte P_i, P_j, P_k und P_1 eindeutig
bestimmt. Das Parallelepiped hat sechs Parallelogramme
als Begrenzungsflächen. Auch in diesem Fall ist der Körper durch die Punkte P_i, P_j, P_k und P_1 gegeben.

Die lineare Transformation, die diese beiden Körper auf die
entsprechenden Standardelemente (gerades, dreiseitiges Prisma
bzw. Würfel) abbildet, ist in beiden Fällen durch (1.155) gegeben.

Wir stellen zunächst das Gleichungssystem für ein Prisma P_s
auf, d.h. wir haben (1.163) (mit dem Index s statt m) zu berechnen. Die Integration ist jetzt über das Standardprisma P_0
$= \left\{ (u,v,w) ; 0 \leq u \leq 1-v , 0 \leq v \leq 1 , 0 \leq w \leq 1 \right\}$ vorzunehmen.
Als Ansatzfunktion innerhalb des Prismas wählen wir

$$f(u,v,w,t) = c_{1,s} + c_{2,s}u + c_{3,s}v + c_{4,s}w + c_{5,s}uw + c_{6,s}vw$$

$$(u,v,w) \in P_0 \qquad\qquad (1.189)$$

Mit Hilfe der Formel

$$\int_{P_0} u^\alpha v^\beta w^\gamma \, du \, dv \, dw = \frac{1}{\gamma+1} \frac{\alpha! \, \beta!}{(\alpha+\beta+2)!} \quad , \quad \alpha, \beta, \gamma = 0,1,2,\ldots$$

lassen sich die Integrale berechnen. Für die Koeffizienten der
Ansatzfunktion gilt

$$\begin{bmatrix} c_{1,s} \\ c_{2,s} \\ c_{3,s} \\ c_{4,s} \\ c_{5,s} \\ c_{6,s} \end{bmatrix} = \begin{bmatrix} 1 & 0 & 0 & 0 & 0 & 0 \\ -1 & 1 & 0 & 0 & 0 & 0 \\ -1 & 0 & 1 & 0 & 0 & 0 \\ -1 & 0 & 0 & 1 & 0 & 0 \\ 1 & -1 & 0 & -1 & 1 & 0 \\ 1 & 0 & -1 & -1 & 0 & 1 \end{bmatrix} \begin{bmatrix} f_i \\ f_j \\ f_k \\ f_l \\ f_m \\ f_n \end{bmatrix} \qquad\qquad (1.190)$$

Nach einer umfangreichen Rechnung erhalten wir für das Prisma
P_s das folgende Gleichungssystem (die Größen $e_{11}=e_{11,s}$, $e_{12}=e_{12,s}$,... sind durch (1.162) gegeben).

$$\frac{1}{24}\left[e_{11}\begin{bmatrix} 4 & -4 & 0 & 2 & -2 & 0 \\ -4 & 4 & 0 & -2 & 2 & 0 \\ 0 & 0 & 0 & 0 & 0 & 0 \\ 2 & -2 & 0 & 4 & -4 & 0 \\ -2 & 2 & 0 & -4 & 4 & 0 \\ 0 & 0 & 0 & 0 & 0 & 0 \end{bmatrix} + e_{12}\begin{bmatrix} 8 & -4 & -4 & 4 & -2 & -2 \\ -4 & 0 & 4 & -2 & 0 & 2 \\ -4 & 4 & 0 & -2 & 2 & 0 \\ 4 & -2 & -2 & 8 & -4 & -4 \\ -2 & 0 & 2 & -4 & 0 & 4 \\ -2 & 2 & 0 & -4 & 4 & 0 \end{bmatrix}\right.$$

$$+ e_{13}\begin{bmatrix} 4 & 0 & 2 & 0 & -4 & -2 \\ 0 & -4 & -2 & 4 & 0 & 2 \\ 2 & -2 & 0 & 2 & -2 & 0 \\ 0 & 4 & 2 & -4 & 0 & -2 \\ -4 & 0 & -2 & 0 & 4 & 2 \\ -2 & 2 & 0 & -2 & 2 & 0 \end{bmatrix} + e_{22}\begin{bmatrix} 4 & 0 & -4 & 2 & 0 & -2 \\ 0 & 0 & 0 & 0 & 0 & 0 \\ -4 & 0 & 4 & -2 & 0 & 2 \\ 2 & 0 & -2 & 4 & 0 & -4 \\ 0 & 0 & 0 & 0 & 0 & 0 \\ -2 & 0 & 2 & -4 & 0 & 4 \end{bmatrix}$$

$$+ e_{23}\begin{bmatrix} 4 & 2 & 0 & 0 & -2 & -4 \\ 2 & 0 & -2 & 2 & 0 & -2 \\ 0 & -2 & -4 & 4 & 2 & 0 \\ 0 & 2 & 4 & -4 & -2 & 0 \\ -2 & 0 & 2 & -2 & 0 & 2 \\ -4 & -2 & 0 & 0 & 2 & 4 \end{bmatrix} + e_{33}\begin{bmatrix} 2 & 1 & 1 & -2 & -1 & -1 \\ 1 & 2 & 1 & -1 & -2 & -1 \\ 1 & 1 & 2 & -1 & -1 & -2 \\ -2 & -1 & -1 & 2 & 1 & 1 \\ -1 & -2 & -1 & 1 & 2 & 1 \\ -1 & -1 & -2 & 1 & 1 & 2 \end{bmatrix}\left.\right]\begin{bmatrix} f_i \\ f_j \\ f_k \\ f_l \\ f_m \\ f_n \end{bmatrix}$$

$$-\frac{1}{144}d_s\begin{bmatrix} 4 & 2 & 2 & 2 & 1 & 1 \\ 2 & 4 & 2 & 1 & 2 & 1 \\ 2 & 2 & 4 & 1 & 1 & 2 \\ 2 & 1 & 1 & 4 & 2 & 2 \\ 1 & 2 & 1 & 2 & 4 & 2 \\ 1 & 1 & 2 & 2 & 2 & 4 \end{bmatrix}\left[g_s\begin{bmatrix} f_i \\ f_j \\ f_k \\ f_l \\ f_m \\ f_n \end{bmatrix} - a_{0,s}\begin{bmatrix} \dot{f}_i \\ \dot{f}_j \\ \dot{f}_k \\ \dot{f}_l \\ \dot{f}_m \\ \dot{f}_n \end{bmatrix}\right]$$

$$-\frac{1}{12}h_s d_s\begin{bmatrix} 1 \\ 1 \\ 1 \\ 1 \\ 1 \\ 1 \end{bmatrix} = \begin{bmatrix} 0 \\ 0 \\ 0 \\ 0 \\ 0 \\ 0 \end{bmatrix} \tag{1.191}$$

Für das Parallelepiped nehmen wir die Ansatzfunktion

$$f(u,v,w,t) = c_{1,s} + c_{2,s}u + c_{3,s}v + c_{4,s}w + c_{5,s}uv$$

$$+ c_{6,s}uw + c_{7,s}vw + c_{8,s}uvw \quad ,$$

$$(u,v,w) \in Q_0 \qquad (1.192)$$

Diese Funktion hat (wie die Ansatzfunktion für das Prisma) die
Eigenschaft, daß sie längs einer Kante des Elements linear ist.
Für die Integration von (1.163) über das Standardelement Q_0
$= \{(u,v,w) \; ; \; 0 \leqslant u \leqslant 1 \; , \; 0 \leqslant v \leqslant 1 \; , \; 0 \leqslant w \leqslant 1\}$ benötigen wir noch
die Formel

$$\int_{Q_0} u^\alpha v^\beta w^\gamma \, du \, dv \, dw = \frac{1}{\alpha+1} \, \frac{1}{\beta+1} \, \frac{1}{\gamma+1} \quad , \quad \alpha, \beta, \gamma = 0,1,2,\ldots \quad .$$

Auch hier werden die Koeffizienten von (1.192) durch die Funktionswerte der Lösung in den Eckpunkten des Elements ersetzt.
Es ist

$$\begin{bmatrix} c_{1,s} \\ c_{2,s} \\ c_{3,s} \\ c_{4,s} \\ c_{5,s} \\ c_{6,s} \\ c_{7,s} \\ c_{8,s} \end{bmatrix} = \begin{bmatrix} 1 & 0 & 0 & 0 & 0 & 0 & 0 & 0 \\ -1 & 1 & 0 & 0 & 0 & 0 & 0 & 0 \\ -1 & 0 & 1 & 0 & 0 & 0 & 0 & 0 \\ -1 & 0 & 0 & 1 & 0 & 0 & 0 & 0 \\ 1 & -1 & -1 & 0 & 0 & 0 & 1 & 0 \\ 1 & -1 & 0 & -1 & 1 & 0 & 0 & 0 \\ 1 & 0 & -1 & -1 & 0 & 1 & 0 & 0 \\ -1 & 1 & 1 & 1 & -1 & -1 & -1 & 1 \end{bmatrix} \begin{bmatrix} f_i \\ f_j \\ f_k \\ f_l \\ f_m \\ f_n \\ f_o \\ f_p \end{bmatrix} \qquad (1.193)$$

Das Gleichungssystem für ein Parallelepiped Q_s (der Index s
wurde auch hier aus schreibtechnischen Gründen z.T. fortgelassen), das wir nach aufwendiger, aber elementarer Rechnung
erhalten, lautet

$$\frac{1}{72}\left[e_{11}\begin{bmatrix}
4 & -4 & 2 & 2 & -2 & 1 & -2 & -1\\
-4 & 4 & -2 & -2 & 2 & -1 & 2 & 1\\
2 & -2 & 4 & 1 & -1 & 2 & -4 & -2\\
2 & -2 & 1 & 4 & -4 & 2 & -1 & -2\\
-2 & 2 & -1 & -4 & 4 & -2 & 1 & 2\\
1 & -1 & 2 & 2 & -2 & 4 & -2 & -4\\
-2 & 2 & -4 & -1 & 1 & -2 & 4 & 2\\
-1 & 1 & -2 & -2 & 2 & -4 & 2 & 4
\end{bmatrix}
+3e_{12}\begin{bmatrix}
2 & 0 & 0 & 1 & 0 & 0 & -2 & -1\\
0 & -2 & 2 & 0 & -1 & 1 & 0 & 0\\
0 & 2 & -2 & 0 & 1 & -1 & 0 & 0\\
1 & 0 & 0 & 2 & 0 & 0 & -1 & -2\\
0 & -1 & 1 & 0 & -2 & 2 & 0 & 0\\
0 & 1 & -1 & 0 & 2 & -2 & 0 & 0\\
-2 & 0 & 0 & -1 & 0 & 0 & 2 & 1\\
-1 & 0 & 0 & -2 & 0 & 0 & 1 & 2
\end{bmatrix}\right.$$

$$+3e_{13}\begin{bmatrix}
2 & 0 & 1 & 0 & -2 & 0 & 0 & -1\\
0 & -2 & 0 & 2 & 0 & 1 & -1 & 0\\
1 & 0 & 2 & 0 & -1 & 0 & 0 & -2\\
0 & 2 & 0 & -2 & 0 & -1 & 1 & 0\\
-2 & 0 & -1 & 0 & 2 & 0 & 0 & 1\\
0 & 1 & 0 & -1 & 0 & -2 & 2 & 0\\
0 & -1 & 0 & 1 & 0 & 2 & -2 & 0\\
-1 & 0 & -2 & 0 & 1 & 0 & 0 & 2
\end{bmatrix}
+e_{22}\begin{bmatrix}
4 & 2 & -4 & 2 & 1 & -2 & -2 & -1\\
2 & 4 & -2 & 1 & 2 & -1 & -4 & -2\\
-4 & -2 & 4 & -2 & -1 & 2 & 2 & 1\\
2 & 1 & -2 & 4 & 2 & -4 & -1 & -2\\
1 & 2 & -1 & 2 & 4 & -2 & -2 & -4\\
-2 & -1 & 2 & -4 & -2 & 4 & 1 & 2\\
-2 & -4 & 2 & -1 & -2 & 1 & 4 & 2\\
-1 & -2 & 1 & -2 & -4 & 2 & 2 & 4
\end{bmatrix}$$

$$+3e_{23}\begin{bmatrix}
2 & 1 & 0 & 0 & 0 & -2 & 0 & -1\\
1 & 2 & 0 & 0 & 0 & -1 & 0 & -2\\
0 & 0 & -2 & 2 & 1 & 0 & -1 & 0\\
0 & 0 & 2 & -2 & -1 & 0 & 1 & 0\\
0 & 0 & 1 & -1 & -2 & 0 & 2 & 0\\
-2 & -1 & 0 & 0 & 0 & 2 & 0 & 1\\
0 & 0 & -1 & 1 & 2 & 0 & -2 & 0\\
-1 & -2 & 0 & 0 & 0 & 1 & 0 & 2
\end{bmatrix}
\left.+e_{33}\begin{bmatrix}
4 & 2 & 2 & -4 & -2 & -2 & 1 & -1\\
2 & 4 & 1 & -2 & -4 & -1 & 2 & -2\\
2 & 1 & 4 & -2 & -1 & -4 & 2 & -2\\
-4 & -2 & -2 & 4 & 2 & 2 & -1 & 1\\
-2 & -4 & -1 & 2 & 4 & 1 & -2 & 2\\
-2 & -1 & -4 & 2 & 1 & 4 & -2 & 2\\
1 & 2 & 2 & -1 & -2 & -2 & 4 & -4\\
-1 & -2 & -2 & 1 & 2 & 2 & -4 & 4
\end{bmatrix}\right] \cdot$$

$$\left[\begin{bmatrix}
f_i\\ f_j\\ f_k\\ f_l\\ f_m\\ f_n\\ f_o\\ f_p
\end{bmatrix}
- \frac{1}{216}d_s\begin{bmatrix}
8 & 4 & 4 & 4 & 2 & 2 & 2 & 1\\
4 & 8 & 2 & 2 & 4 & 1 & 4 & 2\\
4 & 2 & 8 & 2 & 1 & 4 & 4 & 2\\
4 & 2 & 2 & 8 & 4 & 4 & 1 & 2\\
2 & 4 & 1 & 4 & 8 & 2 & 2 & 4\\
2 & 1 & 4 & 4 & 2 & 8 & 2 & 4\\
2 & 4 & 4 & 1 & 2 & 2 & 8 & 4\\
1 & 2 & 2 & 2 & 4 & 4 & 4 & 8
\end{bmatrix}\right]
\left[g_s\begin{bmatrix}
f_i\\ f_j\\ f_k\\ f_l\\ f_m\\ f_n\\ f_o\\ f_p
\end{bmatrix}
- a_{0,s}\begin{bmatrix}
\dot f_i\\ \dot f_j\\ \dot f_k\\ \dot f_l\\ \dot f_m\\ \dot f_n\\ \dot f_o\\ \dot f_p
\end{bmatrix}\right]$$

$$- \frac{1}{8} h_s d_s \begin{bmatrix} 1 \\ 1 \\ 1 \\ 1 \\ 1 \\ 1 \\ 1 \\ 1 \end{bmatrix} = \begin{bmatrix} 0 \\ 0 \\ 0 \\ 0 \\ 0 \\ 0 \\ 0 \\ 0 \end{bmatrix} \qquad (1.194)$$

Bei der Zerlegung des Gebiets in Prismen und Parallelepipede
können als Randteile Dreiecke und Parallelogramme auftreten.
Falls auf einem Oberflächendreieck eine Cauchybedingung gelten
soll (Eckpunkte P_o, P_p und P_q), muß für dieses Dreieck Gleichung
(1.176) mit den Größen aus (1.174) berücksichtigt werden.
Für ein Parallelogramm (Eckpunkte P_o, P_p, P_q und P_r) ist mit
(1.174) das Gleichungssystem

$$\frac{1}{36} a_{4,\sigma} d_\sigma \begin{bmatrix} 4 & 2 & 2 & 1 \\ 2 & 4 & 1 & 2 \\ 2 & 1 & 4 & 2 \\ 1 & 2 & 2 & 4 \end{bmatrix} \begin{bmatrix} f_o \\ f_p \\ f_q \\ f_r \end{bmatrix} - \frac{1}{4} a_{5,\sigma} d_\sigma \begin{bmatrix} 1 \\ 1 \\ 1 \\ 1 \end{bmatrix} = \begin{bmatrix} 0 \\ 0 \\ 0 \\ 0 \end{bmatrix} \qquad (1.195)$$

zu verwenden.

1.2.6 Ansatzfunktionen höheren Grades

In einem Tetraeder werden - wie auch im Dreieck - für einen
quadratischen Ansatz außer den Eckpunkten auch noch die Mittelpunkte der Kanten als Knoten genommen (siehe Bild 1-18). Das
Gleiche gilt auch für Prismen und Parallelepipede.
Die Ansatzfunktionen lauten
    - für Tetraeder

$$f(u,v,w,t) = c_1 + c_2 u + c_3 v + c_4 w + c_5 u^2 + c_6 uv + c_7 v^2$$

$$+ c_8 uw + c_9 w^2 + c_{10} vw \quad , \quad (u,v,w) \in T_0$$

- für Prismen

$$f(u,v,w,t) = c_1 + c_2 u + c_3 v + c_4 w + c_5 u^2 + c_6 uv + c_7 v^2$$
$$+ c_8 uw + c_9 w^2 + c_{10} vw + c_{11} u^2 w + c_{12} uvw$$
$$+ c_{13} v^2 w + c_{14} uw^2 + c_{15} vw^2 \quad , \quad (u,v,w) \in P_0$$

- für Parallelepipede

$$f(u,v,w,t) = c_1 + c_2 u + c_3 v + c_4 w + c_5 u^2 + c_6 uv + c_7 v^2$$
$$+ c_8 uw + c_9 w^2 + c_{10} vw + c_{11} u^2 v + c_{12} uvw$$
$$+ c_{13} u^2 w + c_{14} uv^2 + c_{15} v^2 w + c_{16} uw^2 + c_{17} vw^2$$
$$+ c_{18} u^2 vw + c_{19} uv^2 w + c_{20} uvw^2 \quad , \quad (u,v,w) \in Q_0$$

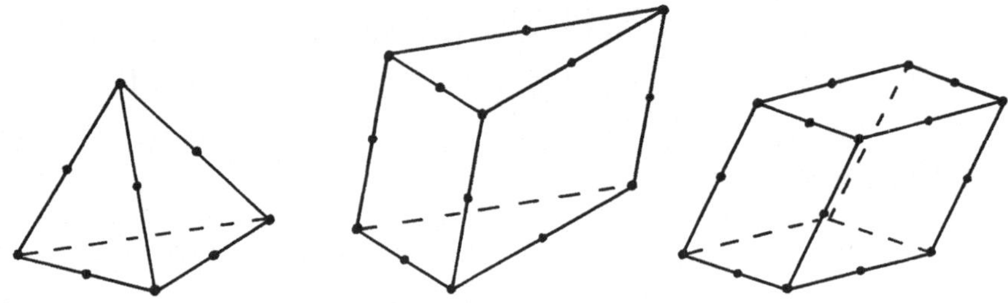

Bild 1-18 : Knotenverteilung im Tetraeder, Prisma und Parallelepiped für quadratische Ansatzfunktionen

Die Herleitung der Gleichungen erfolgt völlig analog zu den
vorherigen Abschnitten. Wegen der hohen Anzahl der verwendeten
Knotenpunkte ist sie jedoch sehr aufwendig.

2 Anwendungen der finiten Elemente in der Mechanik

Die erste und auch häufigste Anwendung fand die Methode der
finiten Elemente auf dem Gebiet der Mechanik, insbesondere in
der Elastomechanik. Die im ersten Kapitel eingeführten Begriffe,
die dort zum Teil recht abstrakt erschienen, erhalten hier einen physikalischen Inhalt. So verbirgt sich z.B. hinter dem
Variationsproblem in der Mechanik das Prinzip der Energiemini-
mierung. Es sagt aus, daß ein Körper sich unter Einwirkung von
Kräften und inneren Spannungen immer so verformt, daß die not-
wendige Formänderungsenergie minimal wird. Außer diesem Prinzip gibt es noch weitere (z.B. das Prinzip der virtuellen Arbeit), die allerdings äquivalent sind. Wir werden darauf aber
nicht weiter eingehen, sondern beginnen mit der Herleitung der
Gleichung für die Formänderungsenergie.

2.1 Formänderungsenergie und Hookesches Gesetz

Wird ein Körper längs eines Weges s mit der Kraft F(s) verschoben, so wird die Arbeit

$$W(x) = \int_0^x F(s) \ ds \qquad\qquad (2.1)$$

geleistet (siehe Bild 2-1). Bei elastischen Verformungen, wie
dies z.B. bei einer Zugfeder der Fall ist, ist die Kraft F
proportional zum Verformungsweg s. Dies gilt natürlich nur für
kleine Wege s, für größere Auslenkungen ist diese Proportiona-
lität nicht mehr gegeben. Es muß dann auf eine nichtlineare
Theorie zurückgegriffen werden. In diesem Buch werden wir uns
aber nur mit kleinen Auslenkungen beschäftigen, so daß mit einer Proportionalitätskonstanten (Federkonstante) c geschrieben
werden kann

$$F = cs \qquad\qquad\qquad (2.2)$$

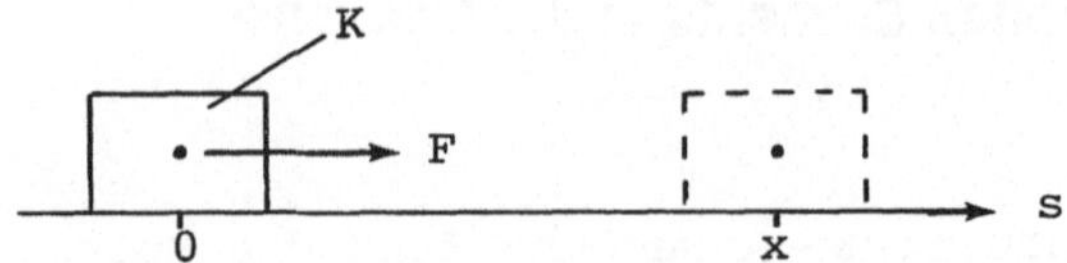

Bild 2-1 : Der Körper K wird durch die Kraft F von der Position 0 an die Stelle x verschoben

Die zu leistende Arbeit berechnet sich dann sofort aus (2.1) zu

$$W(x) = c \int_0^x s \, ds = \frac{1}{2}cx^2 = \frac{1}{2}xF(x) \qquad (2.3)$$

Ähnliche Überlegungen gelten auch für Spannungen σ, die den
Körper elastisch (d.h. innerhalb des Linearitätsbereichs) ver-
formen. Wirkt nämlich an einem Körper eine Spannung $\sigma = F/A$,
so bewirkt diese eine Dehnung (bzw. Stauchung) ϵ der ursprüng-
lichen Länge l (siehe Bild 2-2). Analog zu (2.3) gilt

$$W = \frac{1}{2}F\epsilon l = \frac{1}{2}\sigma A\epsilon l \qquad (2.4)$$

In dieser Gleichung bezeichnet A die Fläche, die senkrecht zur
Spannung   steht.

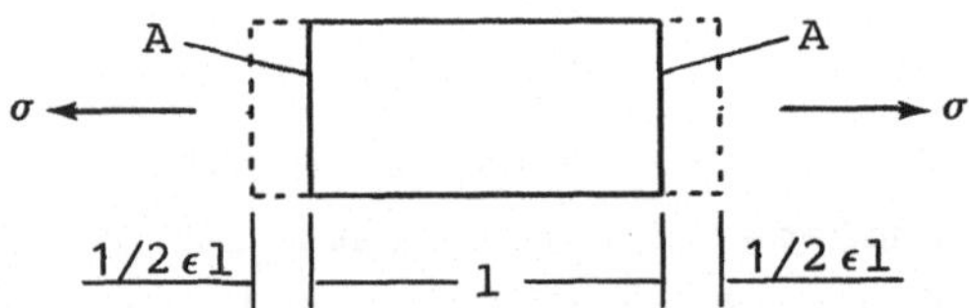

Bild 2-2 : Längenänderung des Körpers infolge einer Spannung

Für ein kleines Volumenelement $\Delta V = \Delta x \Delta y \Delta z$ ergibt sich somit
unter Einwirkung der (vektoriellen) Spannung σ

$$\Delta W = \frac{1}{2} \left[F_x \epsilon_x \Delta x + F_y \epsilon_y \Delta y + F_z \epsilon_z \Delta z \right]$$

$$= \frac{1}{2} \left[\sigma_x \Delta y \Delta z \, \epsilon_x \Delta x + \sigma_y \Delta x \Delta z \, \epsilon_y \Delta y + \sigma_z \Delta x \Delta y \, \epsilon_z \Delta z \right]$$

$$= \frac{1}{2} \, \sigma^t \epsilon \, \Delta V \tag{2.5}$$

mit

$$\sigma = (\sigma_x \, , \, \sigma_y \, , \, \sigma_z)^t \quad , \quad \epsilon = (\epsilon_x \, , \, \epsilon_y \, , \, \epsilon_z)^t \tag{2.6}$$

Ein Aufsummieren sämtlicher Volumenelemente ΔV liefert nach dem Grenzübergang $\Delta V \rightarrow 0$ die potentielle Energie

$$E_N = \frac{1}{2} \int_V \sigma^t \epsilon \, dV \tag{2.7}$$

Da in einem Körper im allgemeinen zusätzlich zu den sog. Normalspannungen σ Schubspannungen $\tau = (\tau_{xy} \, , \, \tau_{yz} \, , \, \tau_{zx})^t$ herrschen können, die im Körper eine Winkeländerung $\psi = (\psi_{xy} \, , \, \psi_{yz} \, , \, \psi_{zx})^t$ bewirken, liefern diese Spannungen analog

$$E_S = \frac{1}{2} \int_V \tau^t \psi \, dV \tag{2.8}$$

Zusammen mit eventuell vorhandenen Einzelkräften F_1 , F_2 ,..., F_m , die die Verschiebungen δ_1 , δ_2 ,..., δ_m und eine Verminderung der potentiellen Energie hervorrufen, besitzt der Körper insgesamt die potentielle Energie

$$E_p = \frac{1}{2} \int_V (\sigma^t \epsilon + \tau^t \psi) \, dV - \sum_j F_j^t \delta_j \tag{2.9}$$

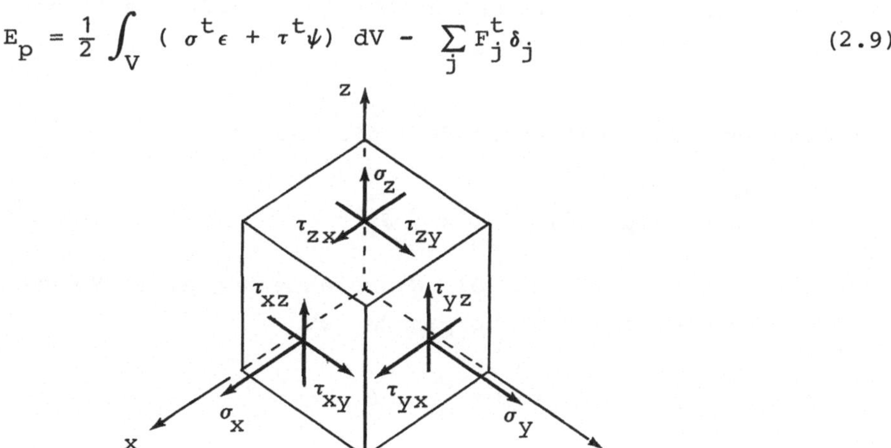

Bild 2-3 : Normal- und Schubspannungen an einem Volumenelement

Eine allgemeinere Gleichung für die potentielle Energie, die
auch Oberflächenkräfte und räumliche Kräfteverteilungen beinhaltet, findet man z.B. bei H.R. Schwarz.
Wir leiten nun das Hookesche Gesetz her, das den Zusammenhang
von Spannungen und Dehnungen bzw. Winkeländerungen (für allgemeine Belastungsfälle) herstellt.
Aufgrund der Spannungen bzw. Krafteinwirkungen verformt sich
der Körper. Insbesondere werden dadurch die Knotenpunkte der
finiten Elemente räumlich verschoben. Wir bezeichnen die drei
Komponenten der Verschiebungsvektoren (in den Knotenpunkten)
mit u, v und w. Wie aus Bild 2-4 ersichtlich ist, wird das Volumenelement infolge einer Normalspannung um den Wert (Vektor)
u verschoben und erfährt außerdem eine Verlängerung um du. Die
Dehnung ϵ ergibt sich dann sofort als relative Längenänderung
zu

$$\epsilon = \frac{du}{dx} \quad . \quad .$$

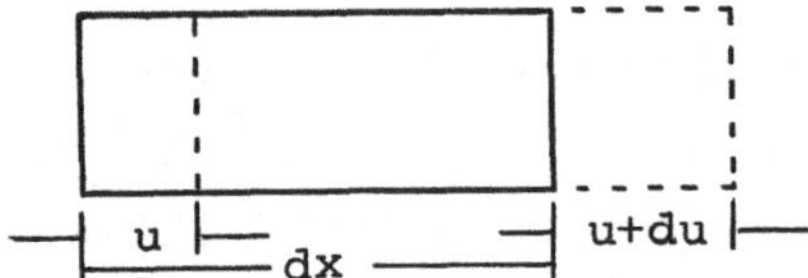

Bild 2-4 : Das Volumenelement erfährt eine relative Längenänderung $\epsilon = du/dx$

Für den räumlichen Belastungsfall gilt somit

$$\epsilon_x = \frac{\partial u}{\partial x} \quad , \quad \epsilon_y = \frac{\partial v}{\partial y} \quad , \quad \epsilon_z = \frac{\partial w}{\partial z} \tag{2.10}$$

Aus Bild 2-5 lesen wir für die Winkeländerung eines Volumen-
elements infolge einer Schubspannung ab

$$\tan \alpha = \frac{du}{dy} \approx \alpha \quad , \quad \tan \beta = \frac{dv}{dx} \approx \beta \quad ,$$

so daß allgemein gilt

$$\psi_{xy} = \frac{\partial u}{\partial y} + \frac{\partial v}{\partial x} \quad , \quad \psi_{yz} = \frac{\partial v}{\partial z} + \frac{\partial w}{\partial y} \quad , \quad \psi_{zx} = \frac{\partial w}{\partial x} + \frac{\partial u}{\partial z} \qquad (2.11)$$

Bild 2-5 : Bestimmung der Winkeländerung durch Superposition
der beiden Spannungen τ_{xy} und τ_{yx} (vgl. Bild 2-3)

Die Spannung σ_x bewirkt eine Dehnung ϵ_{xx} in x-Richtung, die
proportional zur Spannung ist. Mit Hilfe einer Materialkon-
stanten, dem sogenannten Elastizitätsmodul E, können wir daher
schreiben

$$\epsilon_{xx} = \sigma_x/E \qquad (2.12)$$

Außer dieser Dehnung in x-Richtung wird das Element durch diese
Spannung in y- und z-Richtung eingeschnürt:

$$\epsilon_{yx} = -\mu\sigma_x/E \quad , \quad \epsilon_{zx} = -\mu\sigma_x/E \qquad (2.13)$$

Analoge Gleichungen gelten für die Spannungen in y- und z-Rich-
tungen. Die Konstante μ bezeichnet in dieser Gleichung die
Poissonsche Zahl. Sie und der Elastizitätsmodul E beschreiben
das elastische Verhalten des Materials und lassen sich experi-
mentell bestimmen. Wir schreiben die Gleichungen für die Dehnung durch die beiden anderen Spannungen auf und fassen entsprechend zusammen. Als Ergebnis erhalten wir die Gesamt-
dehnungen in x-, y- und z-Richtung

$$\epsilon_x := \epsilon_{xx} + \epsilon_{xy} + \epsilon_{xz} = \frac{1}{E}(\sigma_x - \mu\sigma_y - \mu\sigma_z)$$

$$\epsilon_y := \epsilon_{yy} + \epsilon_{yx} + \epsilon_{yz} = \frac{1}{E}(\sigma_y - \mu\sigma_x - \mu\sigma_z)$$

$$\epsilon_z \ := \ \epsilon_{zz} + \epsilon_{zx} + \epsilon_{zy} = \frac{1}{E} (\sigma_z - \mu\sigma_x - \mu\sigma_y) \tag{2.14}$$

Diese Gleichungen, zusammen mit

$$\psi_{xy} = \frac{2}{E}(1+\mu)\,\tau_{xy} \ , \quad \psi_{yz} = \frac{2}{E}(1+\mu)\,\tau_{yz} \ , \quad \psi_{zx} = \frac{2}{E}(1+\mu)\,\tau_{zx} \tag{2.15}$$

werden als verallgemeinertes Hookesches Gesetz bezeichnet. Wie
bereits oben erwähnt, sind diese Gleichungen nur für elastische
Verformungen gültig. Stellen wir (2.14) und (2.15) nach den
Spannungen um, so ist

$$\sigma = D_N \, \epsilon \ , \quad \tau = D_S \, \psi \tag{2.16}$$

mit den Matrizen

$$D_N \ := \ \frac{E}{(1+\mu)(1-2\mu)} \begin{bmatrix} 1-\mu & \mu & \mu \\ \mu & 1-\mu & \mu \\ \mu & \mu & 1-\mu \end{bmatrix}$$

und

$$D_S \ := \ \frac{E}{2(1+\mu)} \begin{bmatrix} 1 & 0 & 0 \\ 0 & 1 & 0 \\ 0 & 0 & 1 \end{bmatrix} \tag{2.17}$$

Wir setzen jetzt (2.16) in den Ausdruck (2.9) für die potentielle Energie ein

$$E_p = \frac{1}{2} \int_V \epsilon^t D_N \epsilon \ dV + \frac{E}{4(1+\mu)} \int_V \psi^t \psi \ dV - \sum_j F_j^t \delta_j \tag{2.18}$$

Mit Hilfe von (2.10) und (2.11) können ϵ und ψ durch die Verschiebungen δ ausgedrückt werden.
Bevor wir die Methode der finiten Elemente anwenden, werden
wir in den nächsten beiden Abschnitten die Formänderungsenergiegleichung für einige Sonderfälle aufstellen.

2.1.1 Eindimensionale Beispiele

a) Zug- und Druckstab

An einem Stab mit konstanten Querschnitt A und der Länge $l=b-a$
wirken in Längsrichtung in den Endpunkten $x=a$ und $x=b$ die
Kräfte F_a und F_b. Sie verursachen die Verschiebungen

$$\delta_a = (u_a,0,0)^t \quad \text{und} \quad \delta_b = (u_b,0,0)^t \ .$$

Unter der Annahme, daß die Verschiebungen in y- und z-Richtung
vernachlässigt werden können, d.h. $v = w = 0$ ist, folgt nach
(2.10) und (2.11)

$$\epsilon_x = \frac{du}{dx} = u'(x) \quad , \quad \epsilon_y = \epsilon_z = 0$$

$$\psi_{xy} = \psi_{yz} = \psi_{zx} = 0 \tag{2.19}$$

Mit (2.12) erhalten wir dann wegen (2.19)

$$\sigma_x = E\epsilon_x = Eu'(x) \ .$$

Die Gleichung für die Formänderungsenergie lautet also

$$E_p = \frac{1}{2} \int\limits_a^b \left\{ \int\limits_A E\, u'(x)^2 \ dy \ dz \right\} dx - F_a u_a - F_b u_b$$

$$= \frac{1}{2}AE \int\limits_a^b u'(x)^2 \ dx - F_a u_a - F_b u_b \tag{2.20}$$

b) Balkendurchbiegung

Unter der (üblichen) Annahme, daß bei Biegung in einer Haupt-
richtung ebene Querschnitte eben bleiben, untersuchen wir einen Balken mit Rechteckquerschnitt und Länge l auf Biegung.
Die neutrale Achse möge mit der x-Achse zusammenfallen, die
Biegung erfolge in der (x,z)-Ebene (Bild 2-6).

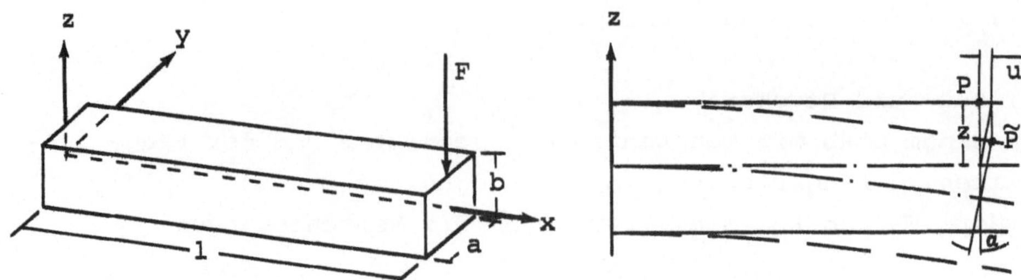

Bild 2-6 : Der Balken (links) mit den Abmessungen a x b x l
wird in der (x,z)-Ebene auf Biegung beansprucht.
Dadurch wird der Punkt P (rechts) in die Position P̃
verschoben

Wir nehmen weiter an, daß die Durchbiegung klein ist, und daß
die Punkte auf der neutralen Achse nur in z-Richtung verschoben werden. Dann gilt für die Verschiebung in x-Richtung nach
Bild 2-6 (rechts)

$$u = -z \tan\alpha = -zw'(x) \qquad\qquad (2.21)$$

Da die Biegung in der (x,z)-Ebene erfolgt, ist v = 0. Die Verschiebung in z-Richtung beträgt w = w(x).
Mit Hilfe von (2.21) erhalten wir nach (2.10) für die Dehnungen

$$\epsilon_x = \frac{\partial u}{\partial x} = -zw'' \quad , \quad \epsilon_y = \epsilon_z = 0 \qquad\qquad (2.22)$$

und für die Winkeländerungen nach (2.11)

$$\psi_{xy} = \psi_{yz} = 0 \quad , \quad \psi_{zx} = w'-w' = 0 \qquad\qquad (2.23)$$

Die Normalspannungen in y- und z-Richtung sind Null, für die
dritte gilt

$$\sigma_x = E\,\epsilon_x \quad .$$

Berücksichtigen wir noch eventuell vorhandene (in z-Richtung
wirkende) Einzelkräfte F_j sowie Biegemomente M_i, so lautet
die Formänderungsenergie

90

$$E_p = \frac{1}{2}E \int\limits_{-b/2}^{b/2} \left\{ \int\limits_{-a/2}^{a/2} \left\{ \int\limits_0^l z^2 w''(x)^2 \, dx \right\} dy \right\} dz - \sum_j F_j^t w_j - \sum_i M_i^t w_i'$$

$$= \frac{1}{2}E \left[\frac{1}{12}ab^3 \right] \int\limits_0^l w''(x)^2 dx - \sum_j F_j^t w_j - \sum_i M_i^t w_i' \qquad (2.24)$$

Der Ausdruck $\frac{1}{12}ab^3$ ist das axiale Flächenträgheitsmoment I des rechteckigen Balkenquerschnitts.

2.1.2 Zweidimensionale Beispiele

Wir legen einen ebenen Spannungszustand (in der (x,y)-Ebene) zugrunde. Damit ist

$$\sigma_z = 0 \quad , \quad \tau_{xz} = \tau_{yz} = 0 \quad ,$$

und die Gleichungen für die Dehnung (2.14) und die Winkeländerung (2.15) vereinfachen sich zu

$$\epsilon_x = \frac{1}{E}(\sigma_x - \mu\sigma_y) \quad , \quad \epsilon_y = \frac{1}{E}(\sigma_y - \mu\sigma_x)$$

$$\epsilon_z = -\frac{\mu}{E}(\sigma_x + \sigma_y) \qquad (2.25)$$

und

$$\psi_{xy} = \frac{2}{E}(1+\mu)\tau_{xy} \quad , \quad \psi_{yz} = \psi_{zx} = 0 \qquad (2.26)$$

Wir lösen diese Gleichungen nach den Spannungen auf. Dies ergibt dann

$$\begin{pmatrix} \sigma_x \\ \sigma_y \end{pmatrix} = E/(1-\mu^2) \begin{pmatrix} 1 & \mu \\ \mu & 1 \end{pmatrix} \begin{pmatrix} \epsilon_x \\ \epsilon_y \end{pmatrix} \qquad (2.27)$$

$$\tau_{xy} = \frac{E}{2(1+\mu)} \psi_{xy} \qquad (2.28)$$

Die Dehnung in z-Richtung berechnet sich aus (2.25) und (2.27)

$$\epsilon_z = \frac{\mu}{\mu-1}(\epsilon_x + \epsilon_y) \quad .$$

Wir betrachten zwei Sonderfälle des ebenen Spannungszustands, die Scheiben- und die Plattenprobleme. Im ersten Fall liegen die angreifenden Kräfte in der (x,y)-Ebene und bei den Plattenproblemen stehen sie senkrecht darauf (siehe Bild 2-7).

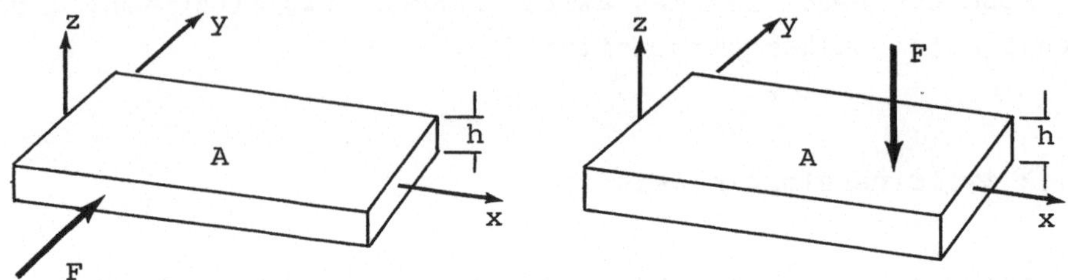

Bild 2-7 : Scheiben- und Plattenproblem (rechts)

Wir beginnen mit

a) Scheibenproblem

Die Scheibe habe die konstante Dicke h und die (in der (x,y)-Ebene liegende) Fläche A. Da nur Kräfte zugelassen sind, die in dieser Ebene liegen, sind die entsprechenden z-Komponenten Null. Die Formänderungsenergie lautet wegen der Gleichungen (2.27) und (2.28)

$$E_p = \frac{1}{2} \int_{-h/2}^{h/2} \int_A (\sigma^t \epsilon + \tau^t \psi)\ dx\ dy\ dz - \sum_j F_j^t{}_j$$

$$= \frac{1}{2}\frac{Eh}{1-\mu^2} \int_A (\epsilon_x^2 + 2\mu \epsilon_x \epsilon_y + \epsilon_y^2)\ dx\ dy + \frac{1}{2}\frac{Eh}{2(1+\mu)} \int_A \psi_{xy}^2\ dx\ dy$$

$$- \sum_j F_j^t \delta_j \tag{2.29}$$

b) Plattenproblem

Auch hier sei die Plattendicke h konstant. Ohne Herleitung geben wir die Komponenten der Verschiebung an. Es ist

$$u(x,y,z) = -z\frac{\partial w}{\partial x} \quad , \quad v(x,y,z) = -z\frac{\partial w}{\partial y} \quad , \quad w(x,y,z) = w(x,y)$$

$$(2.30)$$

Die Dehnungen ergeben sich demnach wegen (2.10) zu

$$\epsilon_x = -zw_{xx} \quad , \quad \epsilon_y = -zw_{yy} \quad , \quad \epsilon_z = 0 \qquad (2.31)$$

Aus (2.11) folgt mit (2.30) für die Winkeländerungen

$$\psi_{xy} = -2zw_{xy} \quad , \quad \psi_{yz} = \psi_{zx} = 0 \qquad (2.32)$$

Für die Spannungen erhalten wir dann aus (2.27) und (2.28)

$$\sigma_x = Ez(w_{xx}+\mu w_{yy})/(\mu^2-1)$$

$$\sigma_y = Ez(\mu w_{xx}+w_{yy})/(\mu^2-1)$$

$$\tau_{xy} = -Ezw_{xy}/(1+\mu) \qquad (2.33)$$

Setzen wir diese Größen in die Gleichung für die Formänderungsenergie ein, so ergibt sich

$$E_p = \frac{1}{2}\frac{E}{1-\mu^2} \int_{-h/2}^{h/2} \int_A z^2(w_{xx}^2+2\mu w_{xx}w_{yy}+w_{yy}^2)\ dx\ dy\ dz$$

$$+ \frac{1}{2}\frac{2E}{1+\mu} \int_{-h/2}^{h/2} \int_A z^2 w_{xy}^2\ dx\ dy\ dz - \sum_j F_j^t \delta_j$$

$$= \frac{1}{2}\frac{E}{1-\mu^2}\frac{h^3}{12} \int_A (w_{xx}^2+2\mu w_{xx}w_{yy}+w_{yy}^2)\ dx\ dy$$

$$+ \frac{1}{2}\frac{E}{1+\mu}\frac{h^3}{6} \int_A w_{xy}^2\ dx\ dy - \sum_j F_j^t \delta_j \qquad (2.34)$$

2.2 Der Verschiebungsansatz

Die Gleichung (2.18) für die Formänderungsenergie ermöglicht
uns eine Anwendung der Methode der finiten Elemente zur Lösung
der oben angesprochenen elastomechanischen Aufgaben. Analog
zum Variationsproblem aus Kapitel 1 formulieren wir jetzt:

"Unter allen zugelassenen Verschiebungen ist diejenige
gesucht, die die Formänderungsenergie (2.18) minimiert."

Dieses (physikalische) Prinzip, das von der gesuchten Lösung
erfüllt werden muß, hat zur Folge, daß die Herleitung der entsprechenden Gleichungen für die finiten Elemente völlig analog
zum Kapitel 1 verläuft.
Ein Unterschied zu den partiellen Differentialgleichungen aus
Kapitel 1 besteht darin, daß hier nicht nur das Quadrat der
ersten (partiellen) Ableitungen berücksichtigt wird, sondern
auch höhere Ableitungen auftreten können (wie z.B. bei der
Balkenbiegung (2.24) oder beim Plattenproblem (2.34)). Diese
Tatsache hat konsequenterweise Auswirkungen auf die Wahl der
Ansatzfunktionen, d.h. es müssen Funktionen höheren Grades verwendet werden. Da die Verschiebung keine Knicke aufweisen darf,
muß die Lösungsfunktion (mindestens) stetig differenzierbar
sein. Folglich sind gewisse Bedingungen an die Ableitung der
Ansatzfunktionen in den Knotenpunkten (sog. Anschlußbedingung)
zu stellen.
Da die hier angesprochenen Probleme statischer Natur sind, also
zeitlich unabhängig sind, führt eine Anwendung der finiten Elemente auf ein lineares Gleichungssystem (vergleichbar mit den
Gleichungssystemen für die elliptischen Randwertprobleme). Natürlich gibt es auch dynamische, d.h. zeitabhängige Probleme
in der Mechanik, die mit Hilfe der Finiten-Element-Methode gelöst werden können. Diese führen dann auf Gleichungssysteme,
die mit denen der parabolischen Rand-Anfangswertprobleme vergleichbar sind. Wir werden darauf aber nicht weiter eingehen,
sondern begnügen uns mit einigen einfachen (und nachvollzieh-
baren) Beispielen aus der Statik.

2.2.1 Ein eindimensionales Beispiel

Gegeben sei ein Balken mit Rechteckquerschnitt (Bild 2-8). Die
angreifenden Kräfte F_1 und F_5 besitzen nur in z-Richtung von
Null verschiedene Komponenten. Daraus ergibt sich, daß die
Verschiebung auch nur in z-Richtung erfolgt (vgl. Abschnitt
2.1.1) und lediglich vom Ort x abhängt. Somit ist ein eindi-
mensionales Modell ausreichend. Aus Symmetriegründen betrachten wir im folgenden nur den linken Teil des Balkens.

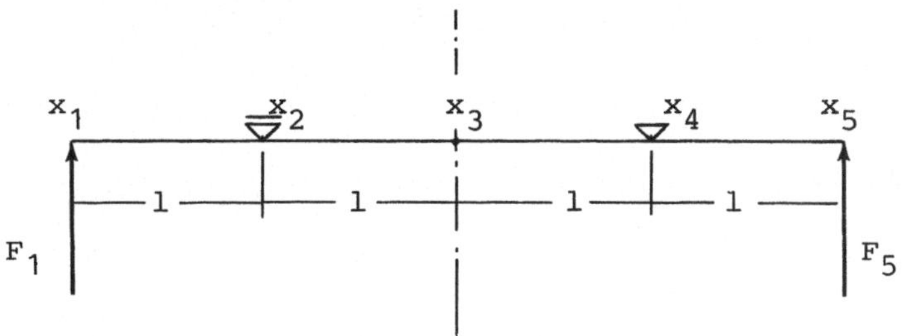

Bild 2-8 : Ein Balken, der im Punkt x_2 lose und in x_4 fest gelagert ist, wird durch die beiden gleichgroßen Kräfte
F_1 und F_5 belastet. Die Kräfte greifen in den Punkten
x_1 und x_5 an.

Der (eindimensionale) Balken wird in kleine Elemente zerlegt,
wobei darauf zu achten ist, daß die Angriffspunkte der Kräfte
und die Auflager mit Knotenpunkten der Zerlegung zusammenfallen.
Wir wählen die in Bild 2-8 eingezeichnete Elementeinteilung.
Die Formänderungsenergie lautet

$$E_p = \frac{1}{2}EI \left\{ \int_{x_1}^{x_2} w''(x)^2 \, dx + \int_{x_2}^{x_3} w''(x)^2 \, dx \right\} - F_1 w(x_1) \qquad (2.35)$$

mit $I = \frac{1}{12}ab^3$, dem axialen Flächenträgheitsmoment des Balkens,
der die Breite a und die Höhe b besitzt. Die Transformation

$$x = x_i + l_i \xi \quad , \quad 0 \leq \xi \leq 1 \quad , \quad l_i := x_{i+1} - x_i \quad , \quad i = 1,2$$

bildet die beiden Elemente jeweils auf das Standardelement der
Länge 1 ab. Als Ansatzfunktion im i-ten Element (i=1,2) wählen
wir kubische Funktionen

$$w(\xi) = c_{1,i} + c_{2,i}\xi + c_{3,i}\xi^2 + c_{4,i}\xi^3 \tag{2.36}$$

Wegen

$$w'(x) = \frac{1}{l_i}\frac{dw}{d\xi} \quad , \quad w''(x) = \frac{1}{l_i^2}\frac{d^2w}{d\xi^2}$$

und

$$l_1 = l_2 =: l$$

folgt

$$E_p = \tfrac{1}{2}EI/l^3\Big\{4(c_{3,1}^2+c_{3,2}^2) + 12(c_{3,1}c_{4,1}+c_{4,1}^2+c_{3,2}c_{4,2}+c_{4,2}^2)\Big\}$$

$$- F_1 w(x_1) \tag{2.37}$$

Wir bestimmen die Koeffizienten der Ansatzfunktionen. Es bezeichne w_i den Wert der Ansatzfunktion im Knotenpunkt x_i und
w_i' den Wert der ersten Ableitung an dieser Stelle. Aus den
vier Gleichungen

$$\begin{aligned}
w_i &= c_{1,i}\\
w_i' &= \phantom{c_{1,i}+{}}c_{2,i}\\
w_{i+1} &= c_{1,i}+c_{2,i}+c_{3,i}+c_{4,i}\\
w_{i+1}'' &= \phantom{c_{1,i}+{}}c_{2,i}+2c_{3,i}+3c_{4,i}
\end{aligned}$$

erhalten wir sofort

$$\begin{bmatrix} c_{1,i}\\ c_{2,i}\\ c_{3,i}\\ c_{4,i} \end{bmatrix} = \begin{bmatrix} 1 & 0 & 0 & 0\\ 0 & 1 & 0 & 0\\ -3 & -2 & 3 & -1\\ 2 & 1 & -2 & 1 \end{bmatrix} \begin{bmatrix} w_i\\ w_i'\\ w_{i+1}\\ w_{i+1}' \end{bmatrix} \quad .$$

Aus Gleichung (2.37) ergibt sich dann (nachdem die ersten partiellen Ableitungen nach den Größen w_i und w_i' Null gesetzt wurden) das Gleichungssystem

$$\frac{2EI}{l^3}
\begin{bmatrix}
6 & 3 & -6 & 3 & 0 & 0 \\
3 & 2 & -3 & 1 & 0 & 0 \\
-6 & -3 & 12 & 0 & -6 & 3 \\
3 & 1 & 0 & 4 & -3 & 1 \\
0 & 0 & -6 & -3 & 6 & -3 \\
0 & 0 & 3 & 1 & -3 & 2
\end{bmatrix}
\begin{bmatrix}
w_1 \\ w_1' \\ w_2 \\ w_2' \\ w_3 \\ w_3'
\end{bmatrix}
=
\begin{bmatrix}
F_1 \\ 0 \\ 0 \\ 0 \\ 0 \\ 0
\end{bmatrix} .$$

Der Balken ist im Punkt x_2 gelagert, d.h. an dieser Stelle ist die Verschiebung Null. Außerdem muß aus Symmetriegründen die Ableitung der Verschiebung (=Durchbiegung) im Punkt x_3 verschwinden. Wir müssen also in das obige Gleichungssystem noch die "Randbedingungen"

$$w_2 = 0 \quad , \quad w_3' = 0$$

einbringen. Analog zur Berücksichtigung der Dirichletbedingung im ersten Kapitel ergibt sich jetzt das Gleichungssystem

$$\frac{2EI}{l^3}
\begin{bmatrix}
6 & 3 & 0 & 3 & 0 & 0 \\
3 & 2 & 0 & 1 & 0 & 0 \\
0 & 0 & 1 & 0 & 0 & 0 \\
3 & 1 & 0 & 4 & -3 & 0 \\
0 & 0 & 0 & -3 & 6 & 0 \\
0 & 0 & 0 & 0 & 0 & 1
\end{bmatrix}
\begin{bmatrix}
w_1 \\ w_1' \\ w_2 \\ w_2' \\ w_3 \\ w_3'
\end{bmatrix}
=
\begin{bmatrix}
F_1 \\ 0 \\ 0 \\ 0 \\ 0 \\ 0
\end{bmatrix} \qquad (2.38)$$

Als Lösung von (2.38) erhalten wir

- für die Verschiebungen in den drei Punkten

$$w(x_1) = \frac{4l^3}{3EI}F_1 \quad , \quad w(x_2) = 0 \quad , \quad w(x_3) = \frac{-l^3}{2EI}F_1$$

und

$$w_1' = -\frac{3l^3}{2EI}F_1 \quad , \quad w_2' = -\frac{l^3}{EI}F_1 \quad , \quad w_3' = 0$$

woraus wegen der Transformation auf das Standardelement (Ketten-
regel für die erste Ableitung beachten!)

- für die Ableitung der Verschiebungen in den drei Punkten

$$w'(x_1) = -\frac{3l^2}{2EI}F_1 \quad , \quad w'(x_2) = -\frac{l^2}{EI}F_1 \quad , \quad w'(x_3) = 0$$

folgt. Gemäß der Beziehung

$$\tan \alpha_i = w'(x_i) \quad , \quad i=1,2,3$$

kann daraus der Neigungswinkel α_i der Biegelinie in den Punkten
x_i bestimmt werden.

2.2.2 Ein zweidimensionales Beispiel

Wir greifen hier noch einmal das Scheibenproblem aus Abschnitt
2.1.2 auf und skizzieren die Vorgehensweise. Die Formänderungsenergie ist durch (2.29) gegeben. Die Scheibe (Fläche A) wird
z.B. in Dreiecke D_m , m=1,2,...,n zerlegt. Nach Transformation
des m-ten Elements auf das Standarddreieck D_0 (vgl. Abschnitt
1.1.6) erhalten wir für die beiden Integrale aus (2.29)

$$I_{1,m} := \int\limits_{D_m} (\epsilon_x^2 + 2\mu\,\epsilon_x\,\epsilon_y + \epsilon_y^2)\ dx\ dy = \int\limits_{D_m} (u_x^2 + 2\mu u_x v_y + v_y^2)\ dx\ dy$$

$$= \int\limits_{D_0} \Big\{ (u_\xi \xi_x + u_\eta \eta_x)^2 + 2\mu(u_\xi \xi_x + u_\eta \eta_x)(v_\xi \xi_y + v_\eta \eta_y)$$

$$+ (v_\xi \xi_y + v_\eta \eta_y)^2 \Big\} d_m\ d\xi\ d\eta \qquad\qquad (2.39)$$

mit d_m aus (1.76). Da in diesem Kapitel die Größen u und v für
die Komponenten der Verschiebungen reserviert sind, werden die

Substitutionsgrößen u und v aus Kapitel 1 hier mit ξ und η bezeichnet. Das zweite Integral lautet

$$I_{2,m} := \int_{D_m} \psi_{xy}^2 \; dx \; dy = \int_{D_m} (u_y + v_x)^2 \; dx \; dy$$

$$= \int_{D_0} (u_\xi \xi_y + u_\eta \eta_y + v_\xi \xi_x + v_\eta \eta_x)^2 \; d_m \; d\xi \; d\eta \qquad (2.40)$$

Ein Vergleich mit (1.77) zeigt, daß hier im wesentlichen die gleichen Integrale zu lösen sind. Der Unterschied zum ersten Kapitel besteht darin, daß hier zwei unabhängige Funktionen, nämlich die Verschiebungskomponenten u und v, miteinander verbunden sind.

Auch die weitere Vorgehensweise ist völlig analog zum Kapitel 1. Für die beiden Verschiebungsfunktionen werden in jedem Element Ansatzfunktionen gewählt, deren Koeffizienten von den Knotenpunkten des jeweiligen Elements abhängen. Da wir jetzt zwei Ansatzfunktionen pro Element haben (bzw. die Verschiebung in jedem Knotenpunkt zwei Komponenten besitzt), treten in dem zu lösenden Gleichungssystem auch doppelt so viele Unbekannte wie im Falle der elliptischen Differentialgleichungen (bei gleicher Elementeinteilung) auf. Im Gegensatz zu den Randwertaufgaben, wo Bedingungen an das Verhalten der Lösung auf dem Rand des Gebiets gestellt werden, sind hier auch Bedingungen an Knoten zulässig, die im Innern des Gebiets liegen (vgl. Abschnitt 2.2.1).

Den Abschluß dieses Kapitels bildet ein einfaches Beispiel. Gegeben sei der in Bild 2-9 skizzierte Belastungsfall. Gesucht sind die Verschiebungen in den Knotenpunkten.

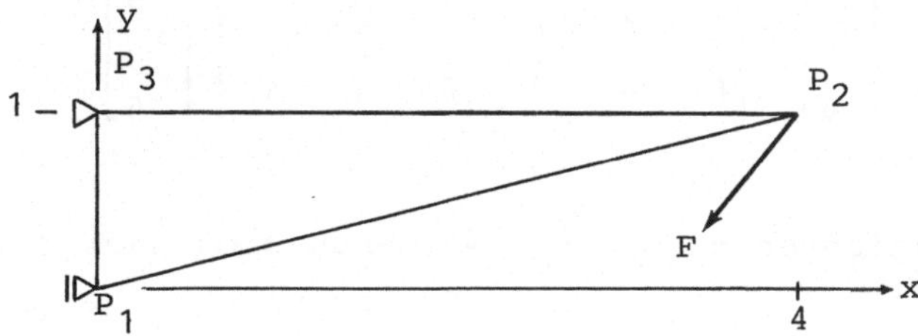

Bild 2-9 : Ein einfaches Scheibenproblem

Die auf die dreieckige Scheibe wirkenden Kräfte greifen in den
Eckpunkten an. Eine Zerlegung in kleinere Elemente ist daher
nicht notwendig. Damit die Rechnung nicht zu umfangreich wird,
begnügen wir uns in diesem Fall mit einem Element. Die lineare
Transformation dieses Dreiecks auf das Einheitsdreieck (vgl.
(1.75) und (1.76)) besitzt die Jakobi-Determinante $d_1 = 4$.
Für die partiellen Ableitungen der neuen Variablen folgt nach
(1.78) und (1.79)

$$\xi_x = \frac{1}{4} \quad , \quad \eta_x = -\frac{1}{4} \quad , \quad \xi_y = 0 \quad , \quad \eta_y = 1 \tag{2.41}$$

Mit den linearen Verschiebungsansätzen

$$u(\xi,\eta) = c_1 + c_2\xi + c_3\eta$$

$$v(\xi,\eta) = c_4 + c_5\xi + c_6\eta \tag{2.42}$$

erhalten wir für die beiden Integrale in (2.39) und (2.40)

$$I_{1,1} = \frac{1}{8}
\begin{bmatrix} c_1 \\ c_2 \\ c_3 \\ c_4 \\ c_5 \\ c_6 \end{bmatrix}^t
\begin{bmatrix}
0 & 0 & 0 & 0 & 0 & 0 \\
0 & 1 & -1 & 0 & 0 & 4\mu \\
0 & -1 & 1 & 0 & 0 & -4\mu \\
0 & 0 & 0 & 0 & 0 & 0 \\
0 & 0 & 0 & 0 & 0 & 0 \\
0 & 4\mu & -4\mu & 0 & 0 & 16
\end{bmatrix}
\begin{bmatrix} c_1 \\ c_2 \\ c_3 \\ c_4 \\ c_5 \\ c_6 \end{bmatrix} \tag{2.43}$$

$$I_{2,1} = \frac{1}{8}
\begin{bmatrix} c_1 \\ c_2 \\ c_3 \\ c_4 \\ c_5 \\ c_6 \end{bmatrix}^t
\begin{bmatrix}
0 & 0 & 0 & 0 & 0 & 0 \\
0 & 0 & 0 & 0 & 0 & 0 \\
0 & 0 & 16 & 0 & 4 & -4 \\
0 & 0 & 0 & 0 & 0 & 0 \\
0 & 0 & 4 & 0 & 1 & -1 \\
0 & 0 & -4 & 0 & -1 & 1
\end{bmatrix}
\begin{bmatrix} c_1 \\ c_2 \\ c_3 \\ c_4 \\ c_5 \\ c_6 \end{bmatrix} \tag{2.44}$$

Die Koeffizienten c_1 bis c_6 berechnen sich nach Gleichung
(1.90), die Verschiebungen im Knotenpunkt P_i werden mit u_i und
v_i bezeichnet. Dann ist

$$
\begin{bmatrix} c_1 \\ c_2 \\ c_3 \\ c_4 \\ c_5 \\ c_6 \end{bmatrix} = \begin{bmatrix} 1 & 0 & 0 & 0 & 0 & 0 \\ -1 & 1 & 0 & 0 & 0 & 0 \\ -1 & 0 & 1 & 0 & 0 & 0 \\ 0 & 0 & 0 & 1 & 0 & 0 \\ 0 & 0 & 0 & -1 & 1 & 0 \\ 0 & 0 & 0 & -1 & 0 & 1 \end{bmatrix} \begin{bmatrix} u_1 \\ u_2 \\ u_3 \\ v_1 \\ v_2 \\ v_3 \end{bmatrix}
\tag{2.45}
$$

Wir setzen (2.45) in die beiden Gleichungen (2.44) und (2.43) ein. Die im Punkt P_2 angreifende Kraft F besitze die Komponenten $-F_x$ und $-F_y$. Die Formänderungsenergie für unser Beispiel lautet dann

$$
E_p = \frac{1}{32}\,\frac{Eh}{1+\mu} \begin{bmatrix} u_1 \\ u_2 \\ u_3 \\ v_1 \\ v_2 \\ v_3 \end{bmatrix}^t \left[\frac{2}{1-\mu} \begin{bmatrix} 0 & 0 & 0 & 0 & 0 & 0 \\ 0 & 1 & -1 & -4\mu & 0 & 4\mu \\ 0 & -1 & 1 & 4\mu & 0 & -4\mu \\ 0 & -4\mu & 4\mu & 16 & 0 & -16 \\ 0 & 0 & 0 & 0 & 0 & 0 \\ 0 & 4\mu & -4\mu & -16 & 0 & 16 \end{bmatrix} \right.
$$

$$
\left. + \begin{bmatrix} 16 & 0 & -16 & 0 & -4 & 4 \\ 0 & 0 & 0 & 0 & 0 & 0 \\ -16 & 0 & 16 & 0 & 4 & -4 \\ 0 & 0 & 0 & 0 & 0 & 0 \\ -4 & 0 & 4 & 0 & 1 & -1 \\ 4 & 0 & -4 & 0 & -1 & 1 \end{bmatrix} \right] \begin{bmatrix} u_1 \\ u_2 \\ u_3 \\ v_1 \\ v_2 \\ v_3 \end{bmatrix} - \begin{bmatrix} u_1 \\ u_2 \\ u_3 \\ v_1 \\ v_2 \\ v_3 \end{bmatrix}^t \begin{bmatrix} 0 \\ -F_x \\ 0 \\ 0 \\ -F_y \\ 0 \end{bmatrix}
\tag{2.46}
$$

Aufgrund der geforderten Minimierung der Formänderungsenergie werden die ersten partiellen Ableitungen nach den Verschiebungen u_i , v_i zu Null gesetzt.
Im Auflager P_3 ist die Scheibe fest eingespannt, d.h. dort treten keine Verschiebungen auf ($u_3 = v_3 = 0$). Im Auflager P_1 sind nur Verschiebungen in y-Richtung zulässig, d.h. $u_1 = 0$. Insgesamt erhalten wir das lineare Gleichungssystem

$$
\begin{bmatrix}
1 & 0 & 0 & 0 & 0 & 0 \\
0 & 2 & 0 & -8\mu & 0 & 0 \\
0 & 0 & 1 & 0 & 0 & 0 \\
0 & -8\mu & 0 & 32 & 0 & 0 \\
0 & 0 & 0 & 0 & 1-\mu & 0 \\
0 & 0 & 0 & 0 & 0 & 1
\end{bmatrix}
\begin{bmatrix}
u_1 \\ u_2 \\ u_3 \\ v_1 \\ v_2 \\ v_3
\end{bmatrix}
= -16\frac{1-\mu^2}{Eh}
\begin{bmatrix}
0 \\ F_x \\ 0 \\ 0 \\ F_y \\ 0
\end{bmatrix}
\tag{2.47}
$$

Die Lösung lautet

$$
u_1 = 0 \quad , \quad u_2 = -\frac{8}{Eh}F_x \quad , \quad u_3 = 0
$$

$$
v_1 = -\frac{2\mu}{Eh}F_x \quad , \quad v_2 = -16\frac{1+\mu}{Eh}F_y \quad , \quad v_3 = 0
\tag{2.48}
$$

Wir berechnen die Spannungen. Wegen (2.10) und (2.42) ist

$$
\epsilon_x = u_x = \frac{1}{4}(c_2 - c_3) = -\frac{2}{Eh}F_x
$$

$$
\epsilon_y = v_y = c_6 = \frac{2\mu}{Eh}F_x
\tag{2.49}
$$

Nach (2.27) ist

$$
\sigma_x = -\frac{2}{h}F_x \quad , \quad \sigma_y = 0
\tag{2.50}
$$

Analog erhalten wir für die Schubspannung

$$
\tau_{xy} = -\frac{2}{h}\left(\frac{2}{1+\mu}F_x + F_y\right)
\tag{2.51}
$$

Da wir mit linearen Ansatzfunktionen gerechnet haben, also die
Dehnungen innerhalb des Elements als konstant angenommen wurden,
ist es günstiger, die Spannungen als mittlere Spannungen anzusehen.

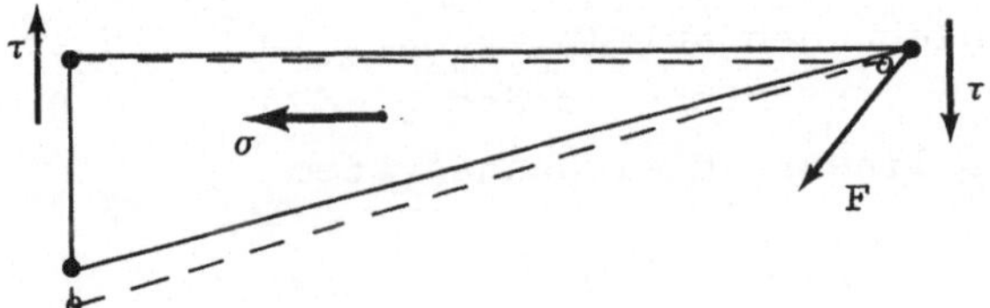

Bild 2-10 : Darstellung der Lösung

3 Hilfsmittel für die Anwendung der Finiten-Elemente-Methode

In den ersten beiden Kapiteln haben wir die notwendigen Gleichungen für die Anwendung der Finiten-Elemente-Methode hergeleitet und in Gleichungssystemen zusammengefaßt. Damit wir dieses Verfahren wirkungsvoll einsetzen können, müssen wir uns
noch mit einigen anderen Problemen beschäftigen.

Zunächst muß das Gebiet in Elemente zerlegt werden, d.h. es
muß ein Netz erzeugt werden (Abschnitt 3.1).

Durch eine geeignete Durchnumerierung der Knotenpunkte des
Netzes kann die Matrix des Gleichungssystems eine geringere
Bandbreite erhalten (Abschnitt 3.2).

Für jedes Element werden die entsprechenden Gleichungen aufgestellt (vgl. Kapitel 1 und 2) und zu einem Gleichungssystem
zusammengefaßt.

Zum Abschluß muß dieses lineare Gleichungssystem mit einem
geeigneten Lösungsverfahren gelöst werden. Dies ist Gegen-
stand des letzten Abschnitts.

Wir beginnen mit der Erzeugung von Netzen (Netzgenerierung). Auf
die Erzeugung eindimensionaler Netze, d.h. die Zerlegung eines
Intervalls in Teilintervalle werden wir nicht eingehen, da dies
trivial ist.

3.1 Netzgenerierung

Versucht man, ein Gebiet "von Hand" in mehrere (eventuell einige
hundert) Elemente zu zerlegen, wird man sehr schnell feststellen,
daß dies ein äußerst mühseliges Unterfangen ist. Die Fehlerquote
bei der Bestimmung der Koordinaten der Knotenpunkte wird ziemlich
hoch sein, so daß man wohl einige Stunden - wenn nicht gar Tage -
beschäftigt sein wird. Eine automatische, d.h. von einem Computer
vorgenommene Netzgenerierung ist daher in den meisten Fällen un-
umgänglich. In den nächsten beiden Unterabschnitten werden wir
ein Verfahren zur Erstellung von zwei- bzw. dreidimensionalen
Netzen kennenlernen. In beiden Fällen muß bereits ein Netz vor-

handen sein'. Dieses Netz sollte natürlich aus Gründen der Ar-
beitsersparnis so grob wie möglich sein. Außerdem sollte darauf
geachtet werden, daß keine Elemente mit zu spitzen Winkeln auftreten, da sich solche Elemente ungünstig auf die Berechnungen
auswirken (Rundefehler). Auch ist darauf zu achten, daß die Elemente richtig aneinandergesetzt werden, d.h. es darf keine Ele-
mentecke auf die Seite eines anderen Elements stoßen (Bild 3-1).

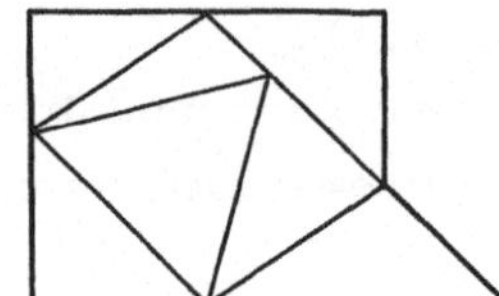 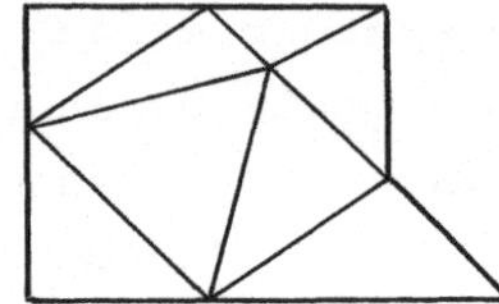

Bild 3-1 : Beispiel einer nicht zulässigen (links) und einer
zulässigen Vernetzung (rechts)

3.1.1 Zweidimensionale Netzgenerierung

Wir gehen von einem (groben) Netz aus. Als Elementformen lassen
wir Dreiecke und allgemeine Vierecke zu, die allerdings konvex
sein müssen (siehe Bild 3-2). Die Verfeinerung des Netzes wird
wie folgt vorgenommen.
Jede Elementseite, deren Länge größer als eine vorgegebene positive Zahl ist, wird halbiert. Mit den neuen Punkten (Mittelpunkte der Seiten) werden die entsprechenden Elemente in mehrere
kleinere zerlegt. Dabei sind insgesamt 10 verschiedene Fälle zu
unterscheiden, je nachdem, wieviel Seiten eines Elements halbiert wurden (siehe Bild 3-3).
Anschließend an diese Verfeinerung kann das Verfahren ein wei-
teres Mal angewandt werden. Nach dem letzten Verfeinerungs-
schritt werden die Vierecke durch Einzeichnen einer Diagonalen
in jeweils zwei Dreiecke umgewandelt.

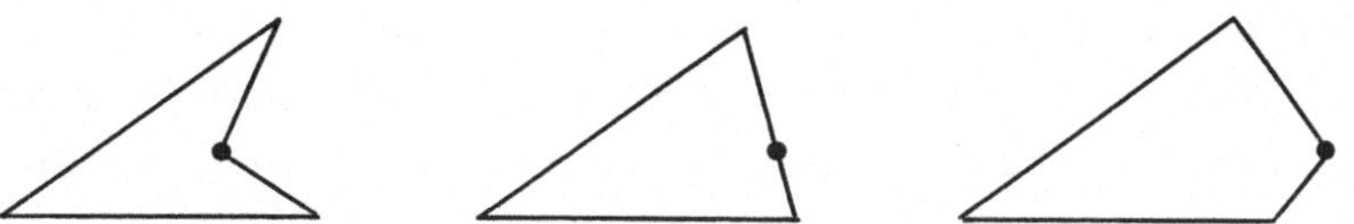

Bild 3-2 : Nicht zugelassen sind das Viereck links, da es nicht
           konvex ist und das Viereck in der Mitte, da es quasi
           ein Dreieck ist. Das rechte Viereck ist für den be-
           schriebenen Algorithmus zulässig

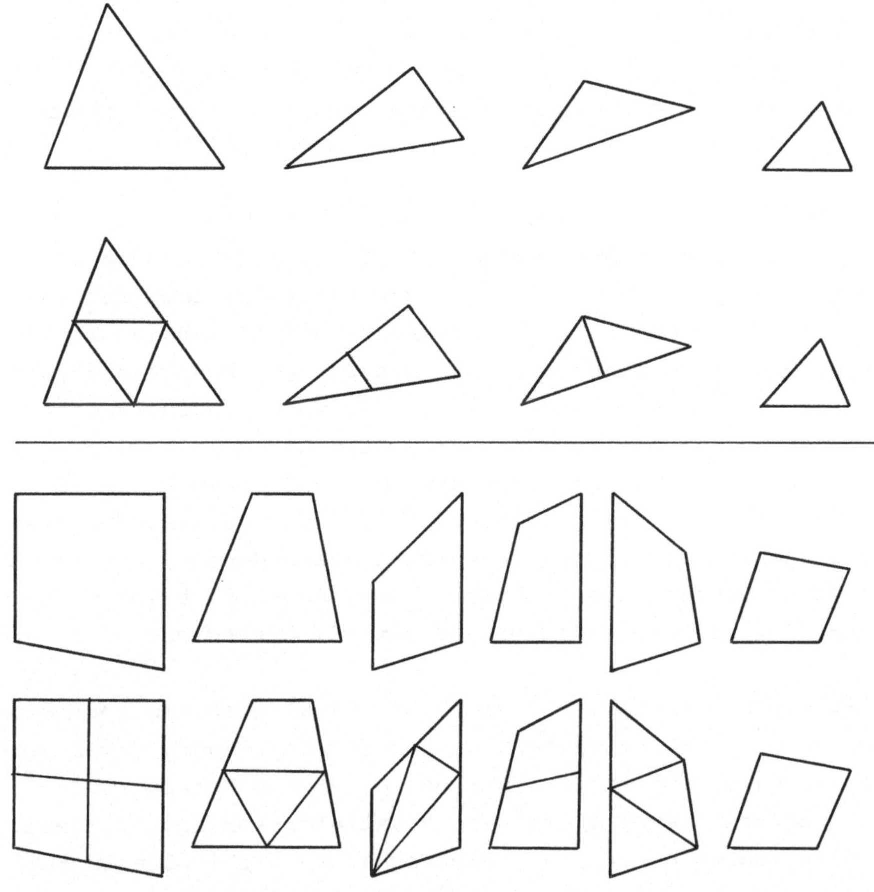

Bild 3-3 : Abhängig von der Anzahl der zu halbierenden Seiten
           werden Drei- und Viereck in mehrere Elemente zerlegt

In der oberen Hälfte von Bild 3-3 sind die vier Möglichkeiten
aufgezeigt, die bei der Verfeinerung eines Dreiecks auftreten
können. Falls nur zwei Dreiecksseiten halbiert werden, ergibt
sich ein Drei- und ein Viereck. In den restlichen drei Fällen
wird das Dreieck in kleinere Dreiecke zerlegt. Im letzten Fall
(im Bild rechts) sind alle Seiten so klein, daß keine Zerlegung stattfindet.
Die untere Bildhälfte zeigt die sechs Möglichkeiten, die für
eine Viereckszerlegung in Betracht kommen. Insbesondere sind
dies (von links nach rechts) die Halbierung von allen vier, von
drei, von zwei benachbarten, von zwei gegenüberliegenden und
von einer Seite, sowie der Fall, daß keine Seite halbiert wird.
Auch hier ergibt die Verfeinerung wieder Drei- und/oder Vierecke. Mit anderen Worten: die Verfeinerung von Drei- und Vier-
ecken führt wieder auf Elemente dieses Typs.

In Bild 3-4 (oben links) ist ein Lagerbock dargestellt, der
mit der eben beschriebenen Methode in Drei- und Vierecke zerlegt werden soll. Diese Vernetzung wurde mit dem Computerpro-
gramm CASTS vorgenommen, das auch Kreise und Kreisbögen berücksichtigt. Das Ausgangsnetz besteht aus 29 Knotenpunkten und 20
Elementen (zweites Bild oben). Nach 9 Verfeinerungsschritten
erhalten wir die Vernetzung (zweites Bild unten) mit 334 Knoten
und 479 Elementen. Die Knotenpunkte, die auf einem Kreis oder
Kreisbogen liegen, wurden automatisch auf die Kreisränder verschoben. Nachdem die in der Vernetzung vorhandenen Vierecke in
jeweils zwei Dreiecke unterteilt wurden, ergab sich letztendlich ein Netz (letztes Bild unten) mit 557 Dreiecken.

Soll mit den Elementformen Dreieck und Parallelogramm gearbeitet
werden, so muß der zweite Fall der Dreieckszerlegung (zwei Sei-
tenhalbierungen) modifiziert werden, da er als Ergebnis ein
Dreieck und ein Viereck, das kein Parallelogramm ist, liefert.
Durch Einzeichnen einer Diagonalen erhalten wir in diesem Fall
die Zerlegung des Dreiecks in drei Kleinere (Bild 3-5). Da die
gegenüberliegenden Seiten eines Parallelogramms die gleiche
Länge haben, reduzieren sich die sechs Möglichkeiten (der Zerlegung eines allgemeinen Vierecks) auf drei Fälle.

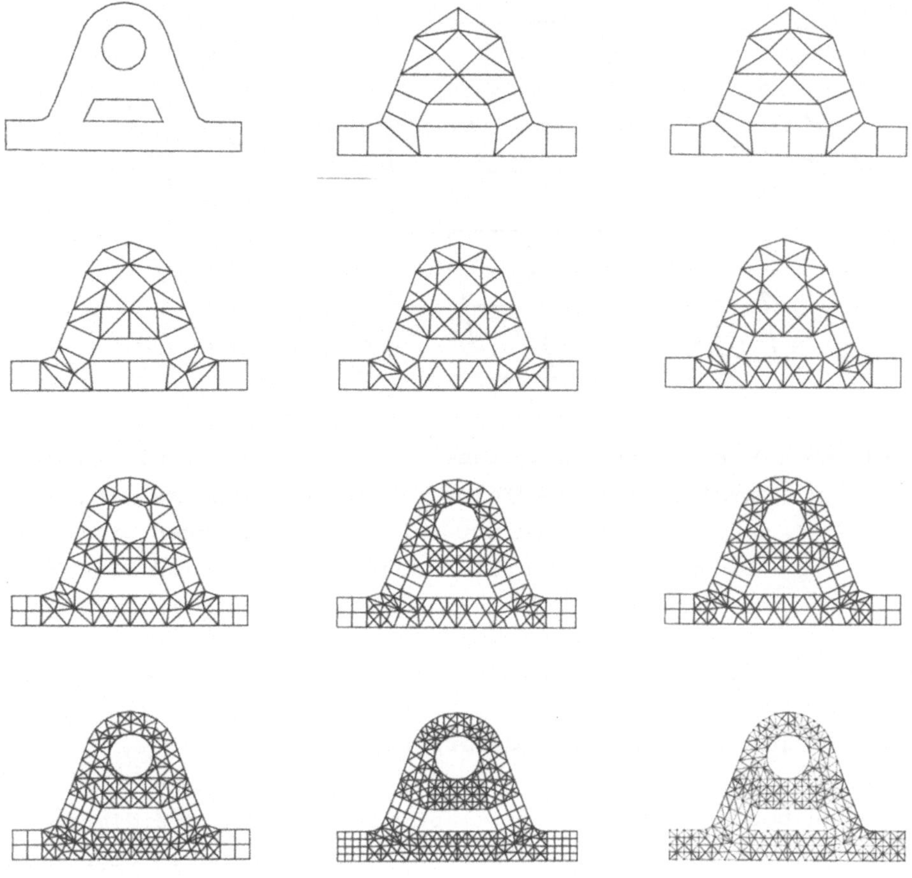

Bild 3-4 : Das Netz eines Lagerbocks wird schrittweise verfeinert. Nach dem letzten Schritt werden sämtliche
Vierecke in Dreiecke zerlegt

Bei der Festlegung des Ausgangsnetzes ist darauf zu achten, daß
keine spitzwinkligen Elemente auftreten, da diese bei der Verfeinerung nicht verändert werden. Anderseits kann das erste
Netz durchaus kleine und große Elemente enthalten. Bei der
schrittweisen Verfeinerung werden zunächst die großen Elemente
verfeinert, so daß nach einigen Schritten überall annähernd
gleich große Elemente vorhanden sind.

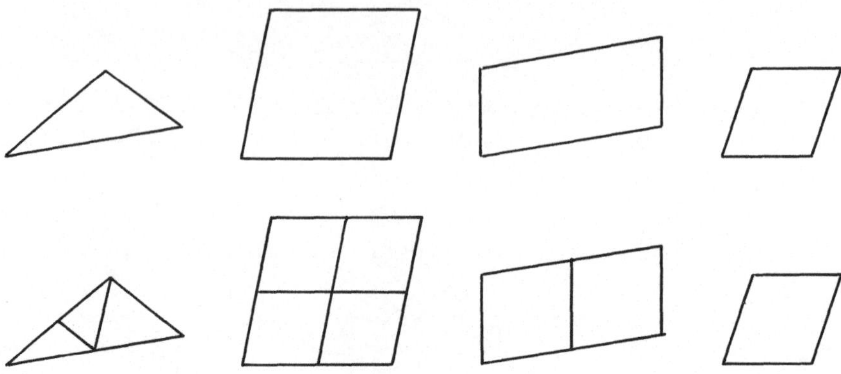

Bild 3-5 : Verfeinerungsmöglichkeiten eines Parallelogramms und
modifizierte Verfeinerung eines Dreiecks, in dem
zwei Seiten halbiert wurden. Die anderen drei Möglichkeiten der Dreiecksverfeinerung sind Bild 3-3
zu entnehmen

3.1.2 Dreidimensionale Netzgenerierung

Die eben beschriebene Methode läßt sich auf den dreidimensionalen Fall übertragen, wenn wir als Elemente dreiseitige Prismen und Parallelepipede (vgl.Abschnitt 1.2.5) zulassen. Wir
beschränken uns auf die Angabe der verschiedenen Möglichkeiten.

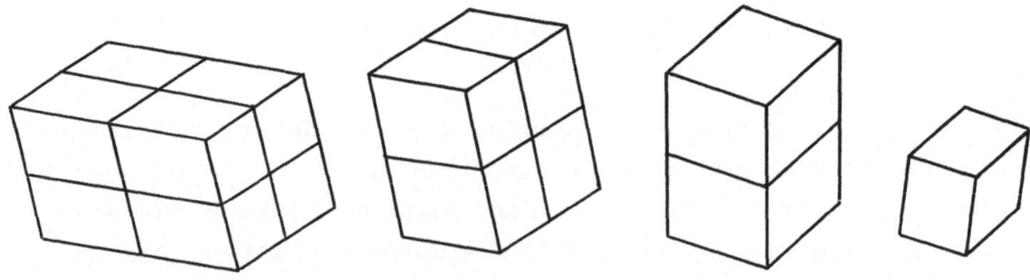

Bild 3-6 : Die vier Möglichkeiten, die bei der Verfeinerung
von Parallelepipeden auftreten können

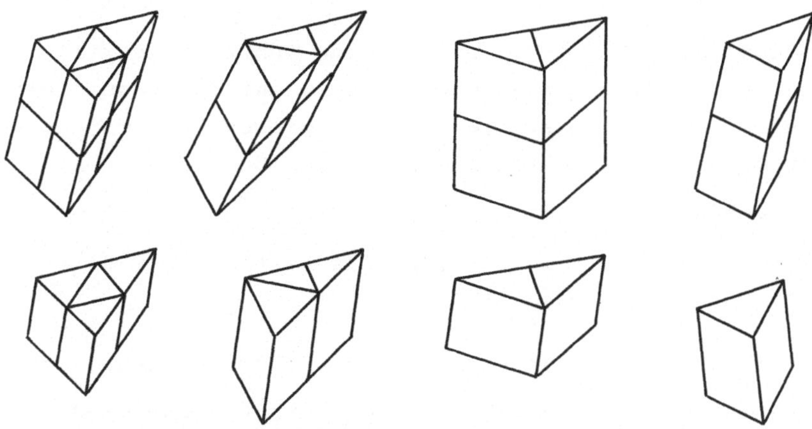

Bild 3-7 : Die acht Fälle, die bei der Verfeinerung von Prismen möglich sind

Beinhaltet das Ausgangsnetz noch andere Elementtypen (z.B. Tetraeder oder Hexaeder), so kann diese Verfeinerungsmethode
nicht mehr angewandt werden, da sie auf die verschiedenartig-
sten Körper führen würde (siehe Bild 3-8).

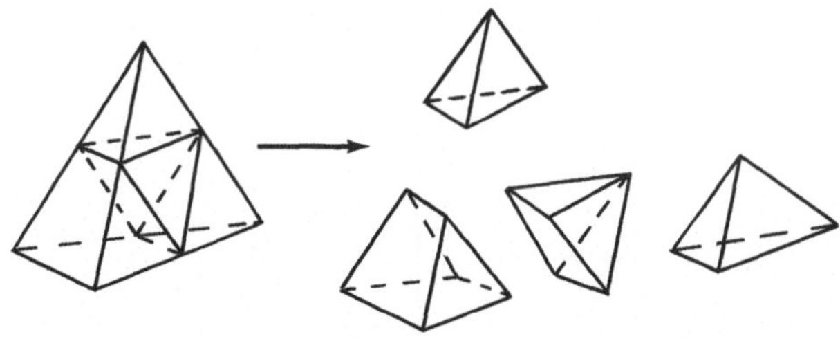

Bild 3-8 : Soll z.B. ein Tetraeder nach der oben beschriebenen
Methode verfeinert werden, so führt das auf eine
Vielzahl anderer Elementtypen. Die Verfeinerung des
obigen Tetraeders liefert neben Tetraedern auch Kei-
le und vierseitige Pyramidenstümpfe als Elementtypen

3.2 Bandbreitenoptimierung

Die Anwendung der Finiten-Element-Methode führt - wie wir in
den ersten beiden Kapiteln gesehen haben - auf die Lösung eines
linearen Gleichungssystems. Die Matrix A dieses Systems hat in
allen hier behandelten Fällen die folgenden Eigenschaften :

A ist symmetrisch, d.h. $A=A^t$

A ist positiv definit, d.h. für alle Vektoren $x \neq 0$ ist
$x^t Ax > 0$

A hat eine Bandstruktur, d.h. $a_{ij} = 0$ für $|i-j| > b$, wobei
mit b die sogenannte Bandbreite von A bezeichnet wird.

Während aus den ersten beiden Eigenschaften die eindeutige Lös-
barkeit des Gleichungssystems geschlossen werden kann, sagt die
letzte aus, daß in A außer der Diagonalen nur noch b obere
(und untere) Nebendiagonalen von Null verschiedene Zahlen be-
inhalten (Bild 3-9). Ergibt sich aus der Symmetrie der Matrix
sofort, daß wir bei n Unbekannten (=Funktionswerte in den Knotenpunkten) nicht alle n^2 sondern nur $n(n+1)/2$ Matrixelemente
abspeichern müssen, so kann diese Zahl bei einer kleinen Bandbreite noch wesentlich verringert werden.

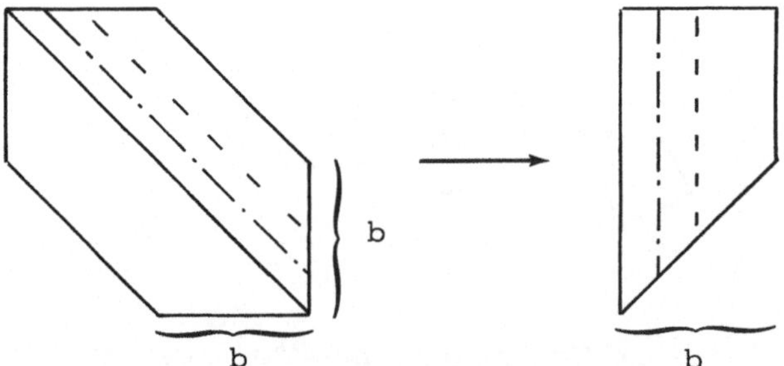

Bild 3-9 : Matrix mit Bandbreite b (links). Die nxn-Matrix kann
als nxb-Matrix abgespeichert werden, wenn die Diago-
nale als erste Spalte, die erste Nebendiagonale als
zweite usw. abgespeichert wird (rechts).

110

Eine weitere positive Eigenschaft dieser Matrizen ist, daß der
zur Lösung des entsprechenden Gleichungssystems benötigte
Rechenaufwand gesenkt werden kann - siehe dazu Abschnitt 3.3 .
Da die Bandbreite von der gewählten Knotennumerierung (aber auch
von der Form des Gebiets und des Netzes) abhängt, kann durch eine günstige Numerierung der Rechenaufwand und der Speicherplatz-
bedarf reduziert werden. So haben wir z.B. im eindimensionalen
Fall wegen der linearen Anordnung der Knoten ($x_1 < x_2 < \ldots x_n$)
eine optimale Bandbreite erhalten. Im zwei- oder dreidimensionalen Fall ist eine solche Anordnung der Knoten nicht möglich,
so daß wir Matrizen mit größeren Bandbreiten erhalten.
Besitzen z.B. die Eckpunkte eines Dreieckselements die Knotennummern i, j und k, so werden die Matrixelemente $a_{ij}=a_{ji}$,
$a_{ik}=a_{ki}$ und $a_{jk}=a_{kj}$ im allgemeinen von Null verschieden sein.
Je größer also die Differenz der Knotennummern ist, desto grös-
ser wird auch die Bandbreite der Matrix sein. Bei einer Zerlegung des Gebiets in m Dreiecke gilt für die Matrix, daß sie die
Bandbreite b hat, mit

$$b = \max_{1} \left\{ \left| i_1 - j_1 \right| , \left| i_1 - k_1 \right| , \left| j_1 - k_1 \right| \right\}$$

Das Maximum ist hierbei über alle m Dreiecke zu nehmen. Das
l-te Dreieck hat hier die Eckpunkte i_1, j_1, k_1 ($1 \leq l \leq m$).
Ähnliche Aussagen gelten auch für die anderen Elementtypen
(und für nicht-lineare Ansatzfunktionen).

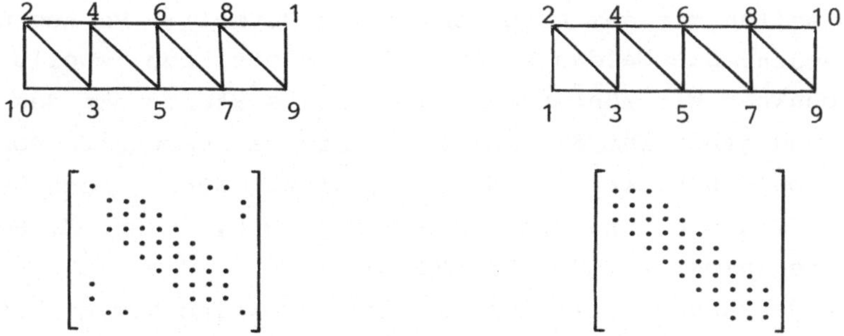

Bild 3-10 : Ein einfaches Beispiel zeigt, wie bei ungünstiger
            Wahl der Numerierung (links) die Bandbreite groß
            werden kann. Rechts die optimale Numerierung

Von Cuthill - Mc Kee wurde ein Algorithmus entwickelt, der die
Knoten so umnumeriert, daß eine günstige Bandbreite entsteht.
Dieses Verfahren liefert zwar nicht immer die optimale Bandbreite, hat aber dafür den Vorteil der recht einfachen Hand-
habung. Bei sehr großen Gleichungssystemen wird es häufig eingesetzt, um eine gute Ausgangssituation für andere - aufwendi-
gere - Umnumerierungsalgorithmen zu schaffen.

Zunächst wird derjenige Punkt ausfindig gemacht, der die
wenigsten Nachbarpunkte besitzt (sollten mehrere Punkte diese Eigenschaft haben, wird einer ausgewählt). Dieser Punkt
erhält in der Umnumerierung die (neue) Nummer 1 .
Seine Nachbarpunkte werden jetzt nach wachsender Anzahl von
Nachbarpunkten durchnumeriert, d.h. derjenige Punkt, der
die wenigsten Nachbarn besitzt, erhält die Nummer 2 u.s.w. .
Danach werden die Nachbarpunkte von Punkt 2 sortiert. Bei
der Bestimmung der Anzahl Nachbarpunkte werden jetzt nur
noch die berücksichtigt, die noch keine (neue) Nummer erhalten haben.
Sind alle Nachbarn von Punkt 1 diesem Verfahren unterworfen
worden, werden die Nachbarpunkte der Nachbarpunkte von
Punkt 1 untersucht (u.s.w.).
Nachdem alle Nachbarn von Punkt 1 diesem Verfahren unterworfen wurden, werden die Nachbarpunkte der Nachbarpunkte von
Punkt 1 untersucht (u.s.w.).

Beispiel : Die Punkte A bis Q in der Geometrie in Bild 3-11
(links) sollen mit dem Algorithmus von Cuthill - Mc Kee umnumeriert werden. Die beiden Punkte I und M besitzen jeweils zwei
Nachbarpunkte. Wir wählen den Punkt I als Startpunkt des Algorithmus und geben ihm die Nummer 1. Die Nachbarpunkte von 1
sind die beiden Punkte H und J. H besitzt außer 1 noch zwei
Nachbarn (J und G) und J hat die Nachbarn F,G,H und K. Somit erhält H die Nummer 2 und J die Nummer 3.
Der einzige Nachbarpunkt von 2, der noch keine Nummer hat, ist
der Punkt G. Er erhält die Nummer 4. Die noch nicht durchnume-
rierten Nachbarn von Punkt 3 sind die Punkte F (mit 2 Nachbarn)
und der Punkt K (mit 3 Nachbarn). Sie erhalten die Nummern 5
und 6. Da sämtliche Nachbarn von 4 schon eine Nummer haben,

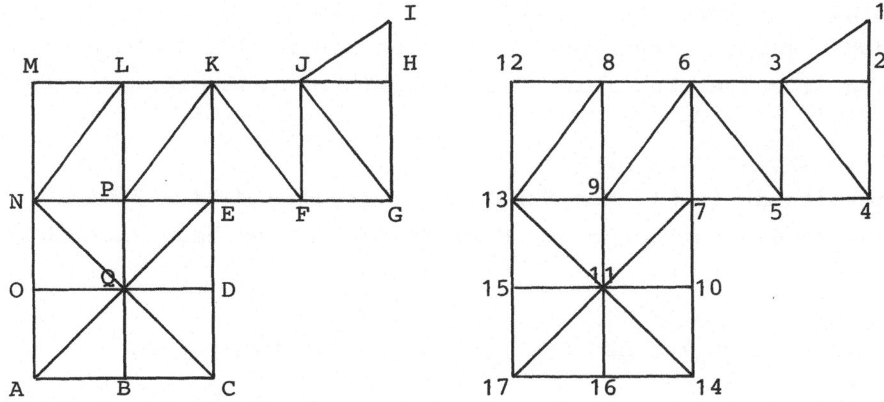

Bild 3-11 : Die Knotenpunkte A bis Q (links) werden mit dem
           Algorithmus von Cuthill - Mc Kee umnumeriert

wird als nächstes der Punkt 5 untersucht. Sein einziger (noch
nicht umnumerierter) Nachbarpunkt ist der Punkt E, der die
Nummer 7 erhält. Das Ergebnis der Umnumerierung ist in Bild
3-11 (rechts) wiedergegeben.
Aus dieser Darstellung bauen wir jetzt die Zugehörigkeitsmatrix auf. Aus ihr ist ersichtlich, welche Knotenpunkte mit
einander verbunden sind. Wir setzen

$$
a_{i,j} := \begin{cases} 1 & \text{, falls Punkt i mit Punkt j verbunden ist} \\ 1 & \text{, für } i=j \\ 0 & \text{, sonst.} \end{cases}
$$

$$
A = \begin{bmatrix}
1 & 1 & 1 & 0 & 0 & 0 & 0 & 0 & 0 & 0 & 0 & 0 & 0 & 0 & 0 & 0 & 0 \\
1 & 1 & 1 & 1 & 0 & 0 & 0 & 0 & 0 & 0 & 0 & 0 & 0 & 0 & 0 & 0 & 0 \\
1 & 1 & 1 & 1 & 1 & 1 & 0 & 0 & 0 & 0 & 0 & 0 & 0 & 0 & 0 & 0 & 0 \\
0 & 1 & 1 & 1 & 1 & 0 & 0 & 0 & 0 & 0 & 0 & 0 & 0 & 0 & 0 & 0 & 0 \\
0 & 0 & 1 & 1 & 1 & 1 & 1 & 0 & 0 & 0 & 0 & 0 & 0 & 0 & 0 & 0 & 0 \\
0 & 0 & 1 & 0 & 1 & 1 & 1 & 1 & 1 & 0 & 0 & 0 & 0 & 0 & 0 & 0 & 0 \\
0 & 0 & 0 & 0 & 1 & 1 & 1 & 0 & 1 & 1 & 1 & 0 & 0 & 0 & 0 & 0 & 0 \\
0 & 0 & 0 & 0 & 0 & 1 & 0 & 1 & 1 & 0 & 1 & 1 & 0 & 0 & 0 & 0 & 0 \\
0 & 0 & 0 & 0 & 0 & 1 & 1 & 1 & 1 & 0 & 1 & 0 & 1 & 0 & 0 & 0 & 0 \\
0 & 0 & 0 & 0 & 0 & 0 & 1 & 0 & 0 & 1 & 1 & 0 & 0 & 1 & 0 & 0 & 0 \\
0 & 0 & 0 & 0 & 0 & 0 & 1 & 0 & 1 & 1 & 1 & 0 & 1 & 1 & 1 & 1 & 1 \\
0 & 0 & 0 & 0 & 0 & 0 & 0 & 1 & 0 & 0 & 0 & 1 & 1 & 0 & 0 & 0 & 0 \\
0 & 0 & 0 & 0 & 0 & 0 & 0 & 1 & 1 & 0 & 1 & 1 & 1 & 0 & 1 & 0 & 0 \\
0 & 0 & 0 & 0 & 0 & 0 & 0 & 0 & 0 & 1 & 1 & 0 & 0 & 1 & 0 & 1 & 0 \\
0 & 0 & 0 & 0 & 0 & 0 & 0 & 0 & 0 & 0 & 1 & 0 & 1 & 0 & 1 & 0 & 1 \\
0 & 0 & 0 & 0 & 0 & 0 & 0 & 0 & 0 & 0 & 1 & 0 & 0 & 1 & 0 & 1 & 1 \\
0 & 0 & 0 & 0 & 0 & 0 & 0 & 0 & 0 & 0 & 1 & 0 & 0 & 0 & 1 & 1 & 1
\end{bmatrix}
$$

Wie aus der Zugehörigkeitsmatrix zu entnehmen ist, beträgt die
Bandbreite b=6. Dieser Wert ist durch die beiden Knotenpunkte
11 und 17 vorgegeben. Die kleinstmögliche Bandbreite, die für
diese Anordnung erreicht werden kann, beträgt b=5.
Für lineare Ansatzfunktionen stimmt die Struktur der Zugehörigkeitsmatrix mit der Struktur derjenigen Matrix überein,
die durch die Anwendung der Finiten-Element-Methode entsteht.

3.3 Algorithmen zur Lösung linearer Gleichungssysteme

In der numerischen Mathematik unterscheidet man generell zwei
Arten von Lösungsalgorithmen
        - direkte Verfahren und
        - iterative Verfahren.
Die direkten Verfahren formen die Matrix so lange um, bis die
Lösung quasi abgelesen werden kann. Zu ihnen zählt man z.B.
den Gaußschen Eliminationsalgorithmus bzw. das L-R-Verfahren
sowie Spezialfälle davon (Cholesky-Verfahren, Algorithmen für
Matrizen mit Bandstruktur). Sollen mehrere Gleichungssysteme
mit derselben Matrix gelöst werden, so können diese Verfahren
sehr effizient eingesetzt werden, da die Rechenoperationen
für die Matrixumformung nur einmal durchgeführt werden müssen.
Gesamtschritt- und Einzelschrittverfahren sind iterative Verfahren. Von einem gewählten Vektor werden durch Iteration
weitere (bessere) Näherungen berechnet, bis die Abweichung zur
exakten Lösung vernachlässigt werden kann. Diese Verfahren
können vorteilhaft eingesetzt werden, wenn schon eine gute
"Startlösung" bekannt ist. Dies ist z. B. der Fall bei den
Randanfangswertproblemen - als Startwert kann jeweils die
Lösung des vorherigen Zeitschrittes gewählt werden.
Für sehr große Gleichungssysteme hat sich auch die Frontlösungs-
methode bewährt. Wir werden hier aber lediglich das Cholesky-
verfahren und das Einzelschrittverfahren behandeln und verwei-
sen bezüglich der anderen Verfahren auf entsprechende Lehrbücher.
Aufgrund der in Abschnitt 3.2 aufgeführten Eigenschaften sind
beide Methoden für unsere linearen Gleichungssysteme anwendbar.

3.3.1 Das Choleskyverfahren

Es sei A eine symmetrische und positiv definite Matrix (vgl.
Abschnitt 3.2). Gesucht ist die Lösung x des linearen Gleichungssystems

$$Ax = a \qquad (3.1)$$

Die Matrix A kann zerlegt werden in ein Produkt zweier Matrizen
B^t und B, d.h.

$$A = B^t B \qquad (3.2)$$

wobei B eine obere Dreiecksmatrix und B^t als deren transponierte
eine untere Dreiecksmatrix ist (Bild 3-12).

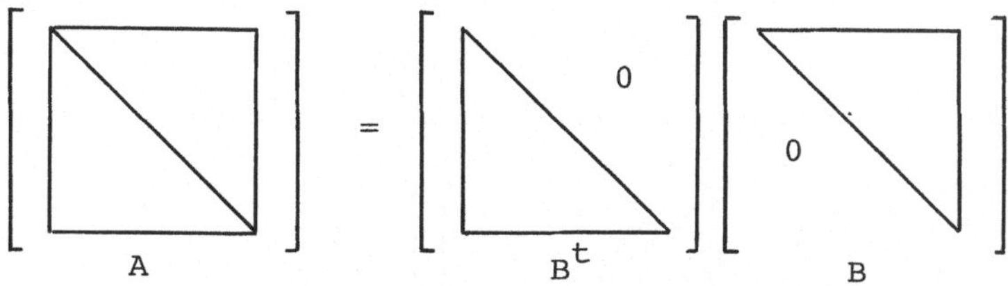

Bild 3-12 : Die symmetrische und positiv definite Matrix A wird
als Produkt zweier Dreiecksmatrizen geschrieben

Für die rechte Seite a des Gleichungssystems (3.1) schreiben
wir

$$a = B^t b \qquad (3.3)$$

Auf die Bestimmung der unbekannten Größen B und b werden wir
weiter unten eingehen. Zunächst werden wir zeigen, wozu die
Zerlegungen (3.2) und (3.3) durchgeführt wurden. Wir setzen in
(3.1) die beiden Zerlegungen ein und erhalten

$$B^t Bx = B^t b \qquad (3.4)$$

Da die Inverse zu B^t existiert (sonst wäre det B^t = det B = 0,
und somit auch det A = 0), können wir das Gleichungssystem
(3.4) mit $(B^t)^{-1}$ multiplizieren und erhalten schließlich

$$Bx = b \tag{3.5}$$

Wir haben also aus (3.1) ein neues (äquivalentes) Gleichungssystem konstruiert, dessen Matrix eine Dreiecksgestalt besitzt.
Die Lösung kann - wie beim Gauß-Algorithmus - durch "Rückwärtseinsetzen" gefunden werden.

<u>Beispiel</u> : Gegeben sei das Gleichungssystem

$$\begin{bmatrix} 4.0 & 2.0 & 1.0 \\ 2.0 & 5.0 & 2.5 \\ 1.0 & 2.5 & 3.5 \end{bmatrix} \begin{bmatrix} x_1 \\ x_2 \\ x_3 \end{bmatrix} = \begin{bmatrix} 5.0 \\ 4.5 \\ 4.5 \end{bmatrix} \tag{3.6}$$

Wir schreiben die Matrix als Produkt $B^t B$, d.h.

$$\begin{bmatrix} 4.0 & 2.0 & 1.0 \\ 2.0 & 5.0 & 2.5 \\ 1.0 & 2.5 & 3.5 \end{bmatrix} = \begin{bmatrix} b_{11} & 0 & 0 \\ b_{12} & b_{22} & 0 \\ b_{13} & b_{23} & b_{33} \end{bmatrix} \begin{bmatrix} b_{11} & b_{12} & b_{13} \\ 0 & b_{22} & b_{23} \\ 0 & 0 & b_{33} \end{bmatrix} \tag{3.7}$$

und bestimmen die Elemente von B. Aus der ersten Zeile der
Matrizengleichung erhalten wir die drei Gleichungen

$$\begin{aligned}
4.0 &= b_{11}^2 + 0 \\
2.0 &= b_{11}b_{12} + 0 \\
1.0 &= b_{11}b_{13} + 0
\end{aligned} \tag{3.8}$$

Wir bestimmen daraus die Unbekannten

$$b_{11} = \sqrt{4.0} = 2.0 \quad , \quad b_{12} = 1.0 \quad , \quad b_{13} = 0.5 \tag{3.9}$$

Die zweite Zeile von (3.7) liefert die Gleichungen

$$\begin{aligned}
2.0 &= b_{11}b_{12} + 0 \\
5.0 &= b_{12}^2 + b_{22}^2 + 0 = 1.0 + b_{22}^2
\end{aligned}$$

$$2.5 = b_{12}b_{13} + b_{22}b_{23} = 0.5 + b_{22}b_{23} \tag{3.10}$$

Die erste Gleichung haben wir schon in (3.8) ausgenutzt, so daß nur noch die restlichen zwei gelöst werden müssen. Die Lösung lautet

$$b_{22} = 5.0 - 1.0 = 2.0 \quad , \quad b_{23} = 1.0 \tag{3.11}$$

Schließlich bestimmen wir aus der dritten Zeile von (3.7) noch die letzte Unbekannte

$$b_{33} = 3.5 - 0.25 - 1.0 = 1.5 \tag{3.12}$$

Analog bestimmen wir die Komponenten des Vektors b :
Nach (3.3) ist mit (3.9), (3.11) und (3.12)

$$\begin{bmatrix} 5.0 \\ 4.5 \\ 4.5 \end{bmatrix} = \begin{bmatrix} 2.0 & 0 & 0 \\ 1.0 & 2.0 & 0 \\ 0.5 & 1.0 & 1.5 \end{bmatrix} \begin{bmatrix} b_1 \\ b_2 \\ b_3 \end{bmatrix} \tag{3.13}$$

Daraus ergeben sich die drei Gleichungen

$$\begin{aligned}
2.0\, b_1 &= 5.0 &&, \text{ d.h. } b_1 = 2.5 \\
2.0\, b_2 &= 4.5 - 1.0 \cdot b_1 &&, \text{ d.h. } b_2 = 1.0 \\
1.5\, b_3 &= 4.5 - 0.5 \cdot b_1 - 1.0 \cdot b_2 &&, \text{ d.h. } b_3 = 1.5
\end{aligned} \tag{3.14}$$

Das zu (3.6) äquivalente Gleichungssystem lautet

$$\begin{bmatrix} 2.0 & 1.0 & 0.5 \\ 0 & 2.0 & 1.0 \\ 0 & 0 & 1.5 \end{bmatrix} \begin{bmatrix} x_1 \\ x_2 \\ x_3 \end{bmatrix} = \begin{bmatrix} 2.5 \\ 1.0 \\ 1.5 \end{bmatrix} \tag{3.15}$$

Durch "Rückwärtseinsetzen" erhalten wir die Lösung

$$x_3 = 1.0 \quad , \quad x_2 = 0.0 \quad , \quad x_1 = 1.0 \tag{3.16}$$

Aus dem Beispiel können wir sofort die allgemeine Berechnungsvorschrift für die Matrixelemente b_{ij} von B und die Komponenten b_i des Vektors b herleiten. Wir beschränken uns auf die Angabe des Resultats :

Es bezeichne a_{ij} die Matrixelemente von A und a_i seien die Komponenten der rechten Seite a des Gleichungssystems. Dann berechnen sich die Größen b_{ij} und b_i für das Choleskyverfahren zu

$$b_{ii} = \sqrt{a_{ii} - \sum_{k=1}^{i-1} b_{ki}^2} \qquad , \quad i=1,2,\ldots,n$$

$$b_{ij} = \left(a_{ij} - \sum_{k=1}^{j-1} b_{ki}b_{kj} \right) \Big/ b_{ii} \quad , \quad j=i+1,\ldots,n$$

$$b_i = \left(a_i - \sum_{k=1}^{i-1} b_{ki}b_k \right) \Big/ b_{ii} \quad , \quad i=1,2,\ldots,n \qquad (3.17)$$

Es sei noch bemerkt, daß die Bandbreite erhalten bleibt, d.h. wenn A die Bandbreite m besitzt, so hat auch B diese Bandbreite (siehe Bild 3-13). Die Formeln in (3.17) können entsprechend abgeändert werden.

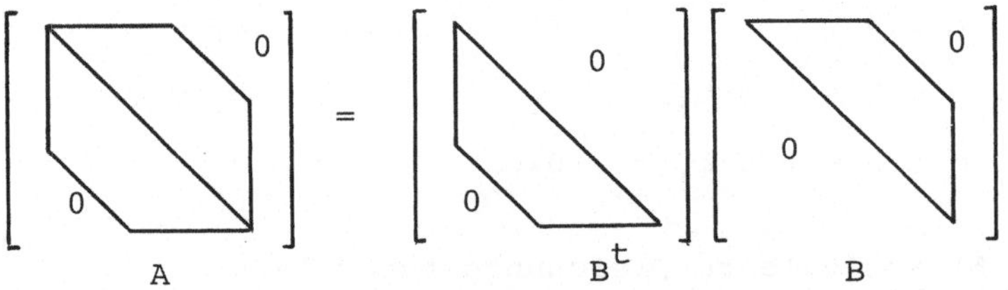

Bild 3-13 : Die Bandbreite m einer symmetrischen und positiv definiten Matrix überträgt sich auf die Matrizen B und B^t

Die positive Definitheit der Matrix A bewirkt, daß die Diagonalelemente b_{ii} in (3.17) reell und positiv sind.

3.3.2 Das Einzelschrittverfahren

Wir gehen wieder von dem Gleichungssystem (3.1) aus und zerlegen die Matrix A in drei Matrizen D, U und V, indem wir in D
die Diagonalelemente, in U sämtliche Elemente unterhalb und in
V sämtliche Elemente oberhalb der Diagonalen von A schreiben.
Wenn wir die Matrixelemente von A, D, U und V mit a_{ij}, d_{ij},
u_{ij} und v_{ij} bezeichnen, dann ist (siehe auch Bild 3-14)

$$d_{ij} := \begin{cases} a_{ii} & , i=j \\ 0 & , \text{sonst} \end{cases} , \quad u_{ij} := \begin{cases} a_{ij} & , i > j \\ 0 & , \text{sonst} \end{cases} ,$$

$$v_{ij} := \begin{cases} a_{ij} & , i < j \\ 0 & , \text{sonst} \end{cases} \tag{3.18}$$

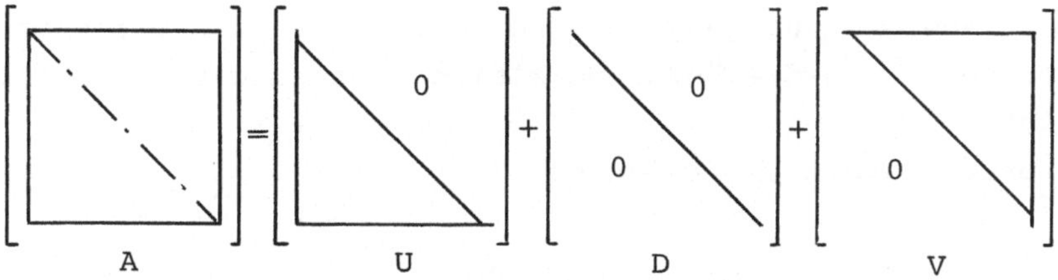

Bild 3-14 : Die Matrix A wird in die drei Matrizen U, D und V
zerlegt

Mit dieser Zerlegung lautet das Gleichungssystem (3.1) jetzt

$$(U+D+V)x = a = Ux + Dx + Vx \quad ,$$

woraus wir sofort

$$Dx = a - Ux - Vx \tag{3.19}$$

erhalten. Wegen der speziellen Wahl der Matrizen U, D und V ergibt sich daraus das System

$$a_{11} \; x_1 = a_1 \qquad\qquad\qquad - \sum_{j=2}^{n} a_{1j} \; x_j$$

$$a_{ii} \; x_i = a_i - \sum_{j=1}^{i-1} a_{ij} \; x_j - \sum_{j=i+1}^{n} a_{ij} \; x_j \qquad , \; i=2,3,\ldots,n-1$$

$$a_{nn} \; x_n = a_n - \sum_{j=1}^{n-1} a_{nj} \; x_j \tag{3.20}$$

Das Gleichungssystem (3.19) bzw. (3.20) wird jetzt als Iterationsverfahren benutzt. Ausgehend von einem Startvektor $x^{(0)} = (x_1^0 \, , \, x_2^0 \, , \, \ldots \, , \, x_n^0)^t$ werden mit Hilfe von (3.20) neue Vektoren $x^{(1)} \, , \, x^{(2)} \, , \, \ldots$ berechnet, die wegen der in Abschn. 3.2 angeführten Eigenschaften der Matrix A gegen die exakte Lösung x des Gleichungssystems konvergieren. Das Verfahren wird abgebrochen, wenn die Änderung kleiner als eine vorgegebene Zahl ist.

Die Iterationsvorschrift lautet

$$a_{11} \; x_1^k = a_1 \qquad\qquad\qquad - \sum_{j=2}^{n} a_{1j} \; x_j^{k-1}$$

$$a_{ii} \; x_i^k = a_i - \sum_{j=1}^{i-1} a_{ij} \; x_j^k - \sum_{j=i+1}^{n} a_{ij} \; x_j^{k-1} \qquad , \; i=2,3,\ldots,n-1$$

$$a_{nn} \; x_n^k = a_n - \sum_{j=1}^{n-1} a_{nj} \; x_j^k \tag{3.21}$$

<u>Beispiel</u> : Wir lösen das Gleichungssystem (3.6) mit dem Einzelschrittverfahren. Als Startvektor wählen wir

$$x^{(0)} = (0,0,0)^t \tag{3.22}$$

Mit (3.21) berechnen wir im ersten Iterationsschritt:

$$4.0 \; x_1^1 = 5.0 - 0.0 - 0.0 \qquad\qquad = 5.0 \quad , \; \text{d.h.}$$

$$x_1^1 = 1.25$$

$$5.0 \; x_2^1 = 4.5 - 2.0 \cdot 1.25 - 0.0 \qquad = 2.0 \quad , \; \text{d.h.}$$

$$x_2^1 = 0.40$$

$$3.5 \; x_3^1 = 4.5 - 1.0 \cdot 1.25 - 2.5 \cdot 0.40 = 2.25 \quad , \; \text{d.h.}$$

$$x_3^1 = 0.64$$

Für den zweiten Iterationsschritt erhalten wir

$$x_1^2 = (5.0 - 2.0 \cdot 0.40 - 1.0 \cdot 0.64)/4.0 = 0.89$$

$$x_2^2 = (4.5 - 2.0 \cdot 0.89 - 2.5 \cdot 0.64)/5.0 = 0.22$$

$$x_3^2 = (4.5 - 1.0 \cdot 0.89 - 2.5 \cdot 0.22)/3.5 = 0.87$$

Die Ergebnisse der nächsten Iterationen lauten :

$$x^{(3)} = (\; 0.92 \; , \; 0.10 \; , \; 0.95 \;)^t$$

$$x^{(4)} = (\; 0.96 \; , \; 0.04 \; , \; 0.98 \;)^t$$

$$x^{(5)} = (\; 0.99 \; , \; 0.01 \; , \; 1.00 \;)^t$$

$$x^{(6)} = (\; 1.00 \; , \; 0.00 \; , \; 1.00 \;)^t \qquad\qquad\qquad (3.23)$$

Die iterative Methode scheint zunächst aufwendiger als die direkten Verfahren zu sein, jedoch kann bei günstiger Wahl des Startvektors die Anzahl der Iterationsschritte wesentlich gesenkt werden. Ein weiterer Vorteil besteht in der Einschränkung der Summationsgrenzen (in (3.21)) bei Matrizen mit Bandstruktur.

4.1 Literatúr

Partielle Differentialgleichungen

/1/ Collatz,L. : The numerical treatment of differential
    equations, Berlin 1966
/2/ Courant,R. , Hilbert,D. : Methoden der mathematischen
    Physik, Berlin 1970
/3/ Friedman,A. : Partial differential equations, New York
    1969
/4/ Hellwig,G. : Partielle Differentialgleichungen, Stuttgart
    1960
/5/ Michlin,S.G. : Partielle Differentialgleichungen in der
    mathematischen Physik, Berlin 1978
/6/ Wendland,W.L. : Elliptic Systems in the plane, London
    1978

Finite Elemente

/7/ Aubin,P. : Approximation of elliptic boundary-value
    problems, New York 1972
/8/ Bathe,K.J. , Wilson,E.J. : Numerical methods in finite
    element analysis, 1976
/9/ Ciarlet,P.G. : The finite element method for elliptic
    problems, Amsterdam 1978
/10/ Fenner,R.T. : Finite element methods for engineers,
    New York 1975
/11/ Gallagher,R.H. : Finite element analysis, Berlin 1976

/12/ Hahn,H.G. : Methode der finiten Elemente in der Festigkeits-
    lehre, Frankfurt 1975
/13/ Hinton,E. , Owen,D.R.J. : An introduction to finite element
    computations, Swansea 1979
/14/ Oden,J.T. : Finite elements of non-linear continua,
    New York 1972

/15/ Oden,J.T. , Reddy,J.N. : An introduction to the
    mathematical theory of finite elements, New York 1976
/16/ Prenter,P.M. : Splines and variational methods,
    New York 1975
/17/ Schwarz,H.R. : Methode der finiten Elemente, Stuttgart
    1980
/18/ Schwarz,H.R. : FORTRAN-Programme zur Methode der finiten
    Elemente, Stuttgart 1981

Numerische Mathematik

/19/ Engeln-Müllges,G. , Reutter,F. : Formelsammlung zur
    Numerischen Mathematik mit Standard-FORTRAN-Programmen,
    Mannheim 1984
/20/ Engeln-Müllges,G. , Reutter,F. : Numerische Mathematik für
    Ingenieure, 4. Auflage, Mannheim 1985
/21/ Stiefel,E. : Einführung in die numerische Mathematik,
    Stuttgart 1976

Computer-Programme findet man u.a. in /13/, /18/ (finite Elemente) und /19/ (Lösung linearer Gleichungssysteme).

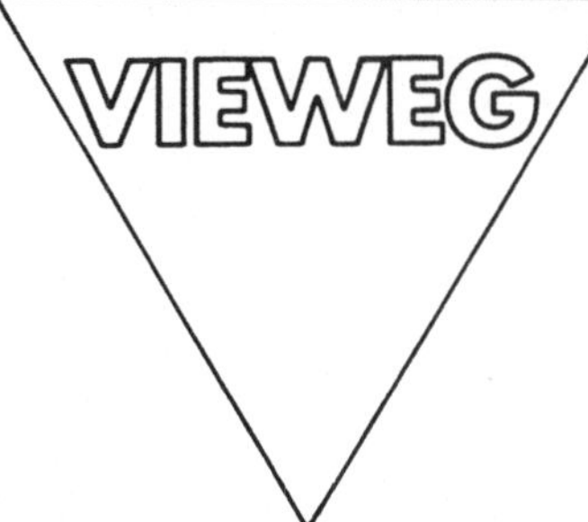

Lawrence F. Shampine und Marilyn K. Gordon

Computer-Lösung gewöhnlicher Differentialgleichungen

Das Anfangswertproblem

Aus dem Engl. übers. von Jobst Hoffmann.
1984. 259 S. 16,2 X 22,9 cm. Kart.

Dieses Buch geht von der Tradition ab, einen Überblick über die verschiedenen Methoden zur Integration von Differentialgleichungen zu geben und konzentriert sich statt dessen auf eine einzige numerische Technik. Diese Technik, die auf der Familie der Adams-Verfahren beruht, wird zur Entwicklung einer Reihe von Algorithmen und Computer-Programmen benutzt, die zu den effizientesten gehören, die auf diesem Gebiet verfügbar sind.

Das Buch enthält detaillierte Untersuchungen realistischer Probleme, ihre Lösungen und viele Berechnungsbeispiele.

Alle Programme sind in FORTRAN geschrieben, sie sind ausführlich dokumentiert. Die vollständigen Programmlistings sind einschließlich der Dokumentation und der Anweisungen zur Implementierung der Codes auf einer Vielzahl von Computer-Systemen in dem Buch enthalten.

Für den Gebrauch des Buches werden lediglich Kenntnisse der Analysis und eine ausreichende Fertigkeit im Umgang mit FORTRAN vorausgesetzt.

Das Buch wendet sich an Informatiker, Mathematiker und Ingenieure, darüber hinaus an jeden, der sich in Forschung, Lehre und Anwendungen mit der Lösung von Differentialgleichungen beschäftigt. Wegen seiner guten Lesbarkeit ist es auch vorzüglich zum Selbststudium geeignet.

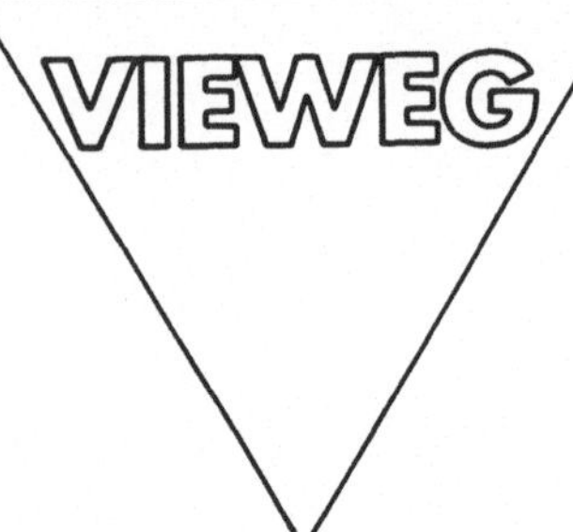

Klaus Niederdrenk

Die endliche Fourier- und Walsh-Transformation mit einer Einführung in die Bildverarbeitung

Eine anwendungsorientierte Darstellung mit FORTRAN 77-Programmen. Hrsg. von Gisela Engeln-Müllges. 2., neubearb. u. erw. Aufl. 1984. XIV, 208 S. 16,2 X 22,9 cm. Kart.

Auf modernen Rechenanlagen werden sehr effizient die diskrete Fourier-Transformation und die diskrete Walsh-Transformation eingesetzt; sie sind in wichtigen Anwendungsbereichen nicht mehr wegzudenken. Zur richtigen Interpretation des erhaltenen Koeffizientensatzes ist es wichtig zu wissen, daß die Ergebnisse dieser diskreten Transformation einen kontinuierlichen periodischen („endlichen") Prozeß außerordentlich gut approximieren. Die dem Verständnis dienenden Grundlagen dafür werden unter ingenieurorientierten und anwendungsbezogenen Gesichtspunkten hergeleitet, so zum Beispiel für die häufig benutzten (diskreten) Korrelations- und Faltungsprozesse. Zur Verdeutlichung und Vertiefung wichtiger Zusammenhänge sind Beispiele und Bilder angeführt. Zum effizienten Einsatz werden schnelle Transformationsalgorithmen behandelt, die zusätzlich für die für die Anwendung wichtigsten Fälle der eindimensionalen und zweidimensionalen Transformationen in Form von Standard-Fortran-77-Programmen zur Verfügung gestellt werden.
Eines der wichtigsten Anwendungsgebiete der Fourier- und der Walsh-Transformation in der heutigen Zeit ist die digitale Bilddatenverarbeitung. Einen Einstieg hierin gibt ein Kapitel dieses Buches, das sich mit den grundlegenden Begriffen und Zusammenhängen der Bildverarbeitung beschäftigt. Außerdem wird bei der Behandlung standarisierter Bildverarbeitungstechniken die Verwendung der vorher eingeleiteten Eigenschaften der behandelten diskreten Transformationen berücksichtigt.
Dieses Buch wendet sich an Ingenieure in Ausbildung und Beruf, insbesondere an die der Fachrichtungen Elektrotechnik und Maschinenbau, und an fertige oder angehende Naturwissenschaftler wie etwa Physiker und Mathematiker sowie an Personen in Assistentenberufen der obengenannten Fachrichtungen. Außerdem dient es als eine Einführung und mathematische Grundlage für alle, die in irgendeiner Weise mit der Bildverarbeitung zu tun haben und von denen verlangt wird, den Bilddaten auf rechnerische Weise Informationen zu entnehmen.
Das Buch ist so aufbereitet, daß es sich auch gut zum Selbststudium eignet.